C. GUE

CRUSTACÉS MALACOSTRACÉS

RE

...GUE
...AI...
CRUSTACÉS MALACOSTRACÉS

RECUEILLIS DANS LA BAIE DE

CONCARNEAU,

PAR

JULES BONNIER,

Préparateur au Laboratoire de Zoologie maritime de Wimereux.

PARIS,
OCTAVE DOIN, Éditeur,
8, Place de l'Odéon.
1887.

CATALOGUE

DES

CRUSTACÉS MALACOSTRACÉS

RECUEILLIS DANS LA BAIE DE

CONCARNEAU.

> « *La détermination précise des espèces, et*
> » *de leurs caractères distinctifs fait la*
> » *première base sur laquelle toutes les re-*
> » *cherches de l'Histoire Naturelle doivent*
> » *être fondées ; les observations les plus*
> » *curieuses, les vues les plus nouvelles*
> » *perdent presque tout leur mérite quand*
> » *elles sont dépourvues de cet appui ; et*
> » *malgré l'aridité de ce genre de travail,*
> » *c'est par là que doivent commencer tous*
> » *ceux qui se proposent d'arriver à des*
> » *résultats solides.* » CUVIER (1).

Les Crustacés Malacostracés du littoral océanique de France, depuis la mer du Nord jusqu'au golfe de Gascogne, ont été jusqu'ici l'objet de peu de travaux particuliers : nous n'avons guère que quelques Catalogues locaux, souvent anciens, ou encore des listes succinctes à la suite de mémoires spéciaux, où l'on ne s'occupe de détermination qu'à titre purement accessoire. Les Décapodes seuls sont relativement connus, mais les Arthrostracés ont presque toujours été négligés par les spécificateurs : le seul point de la côte française dont nous connaissions bien actuellement la faune carci-

---

(1) *Recherches sur différentes espèces de Crocodiles vivants et sur leurs caractères distinctifs.* Annales du Museum, t. X, p. 8, 1807.

nologique est la côte du Croisic, grâce aux sérieuses et patientes recherches de M. Ed. Chevreux (1).

Voici la liste des ouvrages publiés sur la Faune des Crustacés de la région qui nous occupe :

Th. Barrois, *Catalogue des Crustacés Podophthalmaires et des Echinodermes recueillis à Concarneau*. Lille, 1882.

— *Note sur la Morphologie des Orchesties, suivie d'une liste succincte des Amphipodes du Boulonnais*; Lille, 1887.

Beltremieux, *Faune vivante de la Charente-Inférieure*. Acad. des belles-lettres, sciences et arts de La Rochelle. 1864.

— Supplément. 1870.

— 2e édition. 1884.

Bouchard-Chantereaux, *Catalogue des Crustacés observés jusqu'à ce jour à l'état vivant dans le Boulonnais*. Soc. Acad. de Boulogne-sur-Mer. 1833.

De Brebisson, *Catalogue méthodique des Crustacés recueillis dans le département du Calvados* (Mém. de la Soc. linnéenne du Calvados). 1825.

Burguet, *Mémoire pour servir à la faune de la Gironde. Crustacés* Act. de la Soc. linn. de Bordeaux, t. XV, p. 270.

Chevreux, *Espèces remarquables de la faune du Croisic*. Ass. pour l'av. des sciences, 11e session. La Rochelle, 1882, p. 562.

— *Crustacés amphipodes et isopodes des environs du Croisic*. Id., 12e session, Rouen, 1883, p. 317.

— *Suite d'une liste des Crustacés amphipodes et isopodes des environs du Croisic*. Id., 13e session. Blois, 1884, p. 312.

— *Les Crustacés Amphipodes du Sud-Ouest de la Bretagne*. Bull. de la Soc. Zool. de France, p. XL. 1886.

— *Sur les Crustacés Amphipodes de la côte Ouest de Bretagne*. Comptes-rendus de l'Académie des Sciences. 3 janvier 1887.

---

(1) Lors de mon séjour au Croisic, mon ami M. Chevreux a bien voulu me conduire lui-même dans toutes les localités qu'il a si bien explorées : je ne saurais trop le remercier de la cordiale hospitalité qu'il m'offrit alors à bord de son yacht l'*Actif*, et de l'amabilité avec laquelle il mit à ma disposition son importante collection des Crustacés de la région.

Delage, *Contribution à l'étude de l'appareil circulatoire des Crustacés Ediophthalmes marins.* Arch. de zoologie expérimentale, vol. ix, 1881, p. 152.

Fisher, *Crustacés Podophthalmaires et Cirrhipèdes de la Gironde.* Actes de la Soc. linn. de Bordeaux, t. xxviii, 1872.

De Folin, *Exploration de la fosse du cap Breton. Catalogue général des Crustacés dressé d'après les déterminations de MM. A. Milne-Edwards, Fisher, Marion. — Les fonds de la mer, III,* p. 209, 1875-79.

Gadeau de Kerville, *Aperçu de la faune actuelle de la Seine et de son embouchure, depuis Rouen jusqu'au Havre,* dans *l'Estuaire de la Seine*, par G. Lennier. Le Havre, 1885, 2e vol., p. 168.

— *Notes sur les Crustacés schizopodes de l'estuaire de la Seine.* Bull. de la Soc. des Amis des Sc. nat. de Rouen, 1885.

— *La Faune de l'estuaire de la Seine.* Extrait de l'Annuaire normand, 1886.

Giard, *Les Habitants d'une plage sablonneuse.* Bull. scientif. du Nord, t. x, 1878, p. 31.

— *Sur quelques Crustacés des côtes du Boulonnais,* Id. 2e série, 9e année, p. 279, 1886.

Grube, *Mittheilungen über St-Waast la Hougue und seine Meeres, besonders seine Anneliden fauna.* Verhandl. der Schlevis. Gessel. f. Vaterl. Kult., 1869, p. 91.

— *Mittheilungen über St-Malo und Roscoff und die dortige Meeres, besonders die Anneliden fauna,* Abhandl. Schles. Ges. Natur.-med. Abtheil., 1870, p. 76.

Hesse, *Notes sur les Crustacés nouveaux ou rares de France.* In Ann. des sciences naturelles.

Jousset de Bellesme, *Carte zoologique et faune de la baie du Pouliguen.* Ass. p. l'av. des sciences, 11e session. La Rochelle, 1882.

Kœhler, *Recherches sur la Faune marine des îles anglo-normandes.* Nancy, 1885.

— *Contribution à l'étude de la Faune littorale des îles Anglo-normandes.* Ann. scienc. nat. Zool. 1886.

Lafont. *Note pour servir à la faune de la Gironde.* Actes de la Soc. linnéenne de Bordeaux, t. xxvi.

— 2e note, loc. cit., t. xxviii.

Milne-Edwards. *Histoire naturelle des Crustacés,* 3 vol. 1835-40.

Piet. *Recherches sur l'île de Noirmoutiers,* 2e édition. 1863.

Les Podophthalmaires de Concarneau ont déjà, pour

la plupart, été énumérés par le Dr TH. BARROIS, en 1882, dans son consciencieux *Catalogue des Crustacés et Échinodermes de Concarneau* : c'est le seul travail d'ensemble qui ait été donné jusqu'ici sur une partie de la Faune des Invertébrés de ce point si riche de la côte de Bretagne. L'auteur donne la liste de 57 espèces de Crustacés, avec une brève synonymie, et quelques détails sur leur habitat. Sauf une, j'ai retrouvé toutes les espèces qu'il a signalées et dans les conditions qu'il a indiquées; de plus, j'ai pu augmenter sa liste d'un certain nombre d'espèces qu'il n'a pas rencontrées dans ses recherches.

Aux Podophthalmaires j'ai joint la liste des Amphipodes et des Isopodes de la même région, en essayant, pour chacun d'eux, d'établir aussi complétement que possible leur synonymie souvent très compliquée, travail long et ennuyeux mais nécessaire et qui est trop souvent absolument négligé.

Pour chacune des espèces citées, j'ai indiqué les points de la côte océanique de France où leur présence a déjà été signalée, et je termine par quelques brefs renseignements sur leur habitat précis dans la région que j'ai explorée et leur distribution bathymétrique, détails qui permettront aux Naturalistes, qui visiteront cette localité si riche de la côte Bretonne, de les retrouver aisément.

Pendant plusieurs séjours au laboratoire de Concarneau (1), mes recherches n'ont pas dépassé la Baie de Concarneau et la ceinture d'îlots et de récifs qui la sépare du large. La profondeur de la Baie ne dépasse pas 30 mètres : comprise entre la pointe de Mousterlin à l'ouest, et celle de Trévignon à l'est, elle forme une série de baies secondaires fortement découpées par des pointes

---

(1) Je prie M. le professeur GEORGES POUCHET, directeur de la station zoologique de Concarneau, de vouloir bien agréer tous mes remerciements pour son bienveillant accueil et pour son obligeante libéralité à mettre à ma disposition les ressources de son laboratoire. Je dois aussi remercier mon ami le Dr CHABRY, directeur adjoint, de sa très cordiale réception.

rocheuses et parsemées de nombreux îlots (Penn ar vas hir, Men Cren, etc.) ; au sud, elle est fermée par une série presque ininterrompue de roches, de récifs, de bas-fonds et d'îles dont les plus importantes forment l'Archipel des Glénans, l'île aux Moutons, qui se prolongent d'un côté par la Basse-Jaune, l'île Verte, et de l'autre par la Basse-Rouge, les Pourceaux et les innombrables roches de Mousterlin jusqu'au continent. Au-delà de cette ceinture, le fond de la mer baisse rapidement, et à quelque distance au sud des Glénans, on atteint brusquement les fonds de 100 mètres, où commence la faune profonde que je n'ai pu atteindre dans mes dragages.

La côte est presque partout granitique, et présente ça et là de grandes plages de sable, au fond des anses, comme près du cap Cos, dans l'anse de Kersos ; les prairies de zostères y sont très étendues, surtout dans la baie de la Forest. Le fond de la baie de Concarneau est en général formé de sable vaseux ou de roches couvertes d'une puissante végétation d'algues.

Devant les Glénans, à une profondeur moyenne de 15 à 20 mètres, on trouve un fond uniquement composé de *Spongites coralloïdes*, dont les débris cassés et roulés sont désignés par les pêcheurs sous le nom de *Maërl*. Ces fonds, identiques à ceux que l'on trouve dans la Méditerranée, présentent une faune spéciale, très riche en types méridionaux.

Le présent Catalogue ne donnera encore qu'un bien faible aperçu des richesses de la Faune Carcinologique des environs de Concarneau. Les recherches de CHEVREUX, commencées en 1882, continuées depuis sans interruption et qui s'étendent de l'embouchure de la Loire à la pointe de Penmarch, ont signalé, sur la côte sud-ouest de la Bretagne, surtout pour les Amphipodes, la présence de nombreuses formes qui se retrouveront sans doute en grande partie, dans l'espace restreint que j'ai exploré. Je compte plus tard continuer ces recherches et compléter la liste que je publie dès à présent. Cependant, si modeste qu'il soit encore, j'espère que ce Catalogue pourra être de quelque utilité aux Zoologistes qui veulent connaître notre Faune Française, ou qui s'occupent de la question si importante de la Distribution géographique des animaux.

I. — THORACOSTRACA.

DECAPODA (1).

I. REPTANTIA.

1. Brachyura.

a. Brachyura genuina.

OXYRHYNCHA.

Gen. STENORYNCHUS Lamarck.

1. Stenorynchus longirostris Fabricius.

1798. *Inachus longirostris* Fabricius, Suppl., p. 358.
1802. *Macropus longirostris* Latreille, Hist. nat. des Crust., t. VIII, p. 110.
1814. *Leptopodia tenuirostris* Leach, Edimb. Encycl. VIII, p. 431.
1815. *Macropodia tenuirostris* Leach, Malac. Brit., pl. 23, f. 1-5.
1818. *Macropodia tenuirostris* Latreille, Encycl., pl. 298, f. 1-5.
1826. *Macropodia longirostris* Risso, Hist. nat. de l'Europe mérid. V. p. 27.
1832. *Macropodia tenuirostris* Bouchard-Chantereaux, Crust. du Boulonnais, p. 123.
1834. *Stenorynchus longirostris* Milne-Edwards, Hist. nat. des Crust., t. I, p. 280.
1849. *Stenorynchus longirostris* Lucas, Explor. de l'Algérie, p. 5.
1853. *Stenorynchus tenuirostris* Bell, Brit. Stalk Eyed Crust., p. 6.
1863. *Stenorynchus longirostris* Heller, Crust. des Südl-Europ., p. 23.

---

(1) J'ai suivi pour les Décapodes la classification si naturelle et si logique que J.-E.-V. Boas a proposé dans son magnifique mémoire *Studier over Decapodernes Slægtskabsforhold (Det Kgl. danske Vidensk. Selsk. Skrifter, 6te Række, naturv. og math. Afd. Isle Bd. II.* Copenhague, 1880.

1868. *Stenorynchus longirostris* NORMAN, Rep. on dredg. Shetland, p. 263.
1872. *Stenorynchus longirostris* FISHER, Crust. de la Gironde, p. 5.
1882. *Stenorynchus longirostris* BARROIS, Cr. de Concarneau, p. 9.
1884. *Stenorynchus longirostris* BELTREMIEUX, Faune de la Charente, p. 34.
1886. *Stenorynchus longirostris* KŒHLER, Faune litt. des îles Angl.-Norm., p. 59.

Habitat. Boulonnais? Saint-Waast (GRUBE), Iles Anglo-Normandes, Concarneau, Le Croisic, La Rochelle, Gironde, Cap Breton.

Ce Crabe est beaucoup plus rare que le suivant, dont il se distingue facilement par son rostre aussi long que les antennes externes. On ne le trouve à la côte que par grande marée (île Drenec, Penn ar vas hir). A la drague, il est capturé sur les fonds d'herbiers vaseux depuis 10 mètres (Baie de la Forest) jusqu'à 60 mètres.

Il est signalé sur les côtes du Boulonnais par BOUCHARD, mais je ne l'y ai jamais trouvé. Il est infiniment probable qu'il s'agit du *S. phalangium* qui y est commun et dont cet auteur ne parle pas.

2. **Stenorynchus phalangium** PENNANT.

1761. *Cancer rostratus* LINNÉ, Fauna Suecic., nº 2027.
1777. *Cancer phalangium* PENNANT, Zool. Brit., t. IV, pl. 9, f. 17.
1782. *Cancer rostratus* HERBST, Vers. ein. nat. de Krab., pl. 16 fig. 90.
1798. *Inachus phalangium* FABRICIUS, Suppl., p. 358.
1802. *Macropus phalangium* LATREILLE, His. nat. des Crust., t. VI, p. 110.
1815. *Macropodia phalangium* LEACH, Malac. Brit., t. XXIII, f. 6.
1818. *Stenorynchus phalangium* LAMARCK, Anim. s. vert., t. V, p. 237.
1818. *Macropus phalangium* LATREILLE, Encycl., p. 278, f. 2-6.
1825. *Macropodia phalangium* DESMAREST, Consid. sur les Crust., pl. 23, f. 3.
1825. *Macropodia phalangium* BREBISSON, Cat. des Crust. du Calv., p. 14.
1826. *Macropodia phalangium* SAVIGNY, Exp. d'Égypte, pl. 6, f. 6.

1829. *Macropodia phalangium* Guérin, Iconog. Crust., pl. II, f. 2.
1834. *Stenorynchus phalangium* Milne-Edwards, Hist. nat. des Crust., t. I, p. 279.
1853. *Stenorynchus phalangium* Bell, Brit. Stalk-Eyed Crust., p. 2.
1856. *Stenorynchus inermis* Heller, Verhandl. d. zool. bot. Ver. Wien, p. 717.
1863. *Stenorynchus phalangium* Heller, Crust. des Südl-Europa, p. 25.
1868. *Stenorynchus rostratus*, Norman Rep. on dredg. Shetland, p. 263.
1872. *Stenorynchus phalangium* Fisher, Crust. Podoph. de la Gironde, p. 4.
1881. *Stenorynchus phalangium* Delage, Arch. de zool. IX, p. 156.
1882. *Stenorynchus phalangium* Barrois, Crust. de Concarneau, p. 9.
1884. *Stenorynchus phalangium* Beltremieux, Faun. viv. de la Charente-Inf., p. 34.
1886. *Stenorynchus phalangium* Kœhler, Faun. litt. des îles Angl.-Norm., p. 59.

Hab. Boulonnais, Fécamp (Giard), le Hâvre, Calvados, îles Anglo-Normandes, Roscoff, Concarneau, le Croisic, Charente-Inférieure, Gironde, Cap Breton.

Ce Crabe, trop universellement connu sous le nom de *S. phalangium* pour qu'on ait à faire valoir la priorité du nom Linnéen, est excessivement commun à Concarneau depuis la zone découverte à marée basse jusqu'à une profondeur de 50 mètres. On le trouve surtout en grande abondance dans les fonds vaseux de sable et d'herbiers de la baie.

Dans la baie de la Forest, sur environ une cinquantaine de ces crabes, on en trouve un porteur de *Sacculina Fraissei* Giard qui détermine sur son hôte, quand celui-ci est un mâle, la curieuse déformation indiquée par le professeur Giard dans sa note à l'Académie du 5 juillet 1886.

Gen. ACHÆUS Leach.

3. **Achæus Cranchii** Leach.

1815. *Achæus Cranchii* Leach, Malac. Brit., XXII, C.
1829. *Achæus Cranchii* Latreille, Règne animal, IV, p. 64 (2e éd.).

1834. *Achæus Cranchii* Milne-Edwards, Hist. nat. des Crust., I, p. 281.
1838. *Macropodia gracilis* Costa, Faun. del regn. di Napoli, p. 25, t. 3, f. 1.
1851. *Achæus Cranchii* Thompson, Ann. aud Mag. of Nat. Hist, IIIe sér., vol. VIII, p. 77.
1853. *Achæus Cranchii* Bell, Brit. Stalk-Eyed Crust., p. 10.
1863. *Achæus Cranchii* Heller, Crust. des Südl-Europ., p. 27, t. I, f. 3.
1886. *Achæus Cranchii* Kœhler, Faun. litt. des îles Angl.-Norm., p. 20.

Hab. Jersey, embouchure de la Rance (Milne-Edwards), Concarneau.

Ce petit Crabe est excessivement rare à Concarneau ; je n'en ai trouvé qu'un seul exemplaire femelle dans une touffe de *Sertulaires* prise à marée basse dans les rochers de Penn-ar-vas-hir, dans la baie (août).

D'après Kœhler, il serait pris communément à Jersey, au Havre des Pas, à la Crabière. Milne-Edwards a signalé sa présence à l'embouchure de la Rance, près St-Malo.

Gen. INACHUS Fabricius.

4. **Inachus dorynchus** Leach.

1814 *Inachus dorynchus* Leach, Edimb. Encycl. Crust., p. 431.
1815. *Inachus dorynchus* Leach, Malac. Brit., t. XXII, f. 7-8.
1818. *Inachus dorynchus* Latreille, Encycl., pl. 30, f. 7, 8.
1834. *Inachus dorynchus* Milne-Edwards, Hist nat. des Crust., I, p. 288.
1853. *Inachus dorynchus* Bell, Brit. Stalk-Eyed Crust., p. 17.
1863. *Inachus dorynchus* Heller, Crust. des Südl-Europ., p. 34, t. I, f. 14.
1868. *Inachus dorynchus* Norman, Rep. on dredg. Shetland, p. 263.
1881. *Inachus dorynchus* Delage, Ann. de zool., IX. p. 156.
1886. *Inachus dorynchus* Kœhler, Faun. litt. des îles Angl.-Norm., p. 59.

Hab. Wimereux, St-Malo (Grube), îles Anglo-Normandes, Roscoff, Concarneau, le Croisic.

Cette espèce est rare à Concarneau comme partout ;

je l'ai rencontrée dans les rochers du bas de l'eau, lors des grandes marées, soit à la côte, soit aux Glénans (Penfret) et aussi quelquefois dans les dragages, dans les fonds vaseux de la baie de la Forest. Elle est constamment recouverte d'éponges ou de Synascidies.

5. **Inachus dorsettensis** PENNANT.

1777. *Cancer dorsettensis* PENNANT, Brit. zool., t. IV. p. 12; t. X, p. 1.
1795. *Cancer scorpio* FABRICIUS, Entom. Syst. t. II, p. 426.
1798. *Inachus scorpio* FABRICIUS, Supp., p. 358.
1802. *Macropus scorpio* LATREILLE, Hist. nat. d. Crust., t. VI, p. 109.
1815. *Inachus dorsettensis* LEACH, Malac. Brit., tab. XXII, f. 1-6.
1825. *Inachus scorpio* DESMAREST, Cons. sur les Crust., t. XXIV, f. 1.
1832. *Inachus scorpio* BOUCHARD-CHANTEREAUX, Crustacés du Boulonnais, p. 123.
1832. *Inachus scorpio* GUÉRIN, Expéd. scientif. de Morée, Crust., p. 30.
1834. *Inachus scorpio* MILNE-EDWARDS, Hist. nat. des Crust., I, p. 288.
1849. *Inachus mauritanicus* LUCAS, Anim. art. de l'Alg., p. 6, t. 1, f. 2.
1853. *Inachus dorsettensis* BELL, Brit. Stalk-Eyed Crust., p. 13.
1863. *Inachus scorpio* HELLER, Crust. des Südl-Europ., p. 31. t. 1, f. 6.
1868. *Inachus dorsettensis* NORMAN, Rep. on dredg. Shetland, p. 263.
1872. *Inachus scorpio* FISHER, Crust. Podoph. de la Gironde, p. 5.
1875. *Inachus scorpio* DE FOLIN, Fonds de la mer, III, p. 210.
1881. *Inachus dorsettensis* DELAGE, Arch. de zool., IX, p. 156.
1882. *Inachus scorpio* BARROIS, Cr. Podoph. de Concarneau, p. 10.
1884. *Inachus scorpio* BELTREMIEUX, Faun. viv. de la Charente, p. 34.
1886. *Inachus dorsettensis* KŒHLER, Faun. litt. des îles Angl.-Norm., p. 59.

Hab. Boulonnais, Fécamp (GIARD), îles Anglo-Normandes, Roscoff, Concarneau, le Croisic, Charente-Inférieure, île de Ré, Gironde, le cap Breton.

Cet *Inachus* est moins rare que le précédent ; on peut le recueillir à marée basse et le draguer jusque vers 50 mètres, dans les fonds vaseux d'herbiers. On le trouve surtout dans la baie de la Forest où il est constamment couvert d'éponges ou d'ascidies composées (*Diplosoma sp?* et *Astellium spongiforme* GIARD).

Gen. PISA Leach.

6. Pisa Gibsii Leach.

1814. *Pisa biaculeatus* Leach, Edimb. Encycl. VII, p. 431.
1815. *Pisa Gibsii* Leach, Trans. Linn. Soc. XI, p. 327.
1815. *Pisa biaculeatus* Montagu, Linn. Trans. XI, t. I. f. 2, p. 2.
1818. *Pisa Gibsii* Latreille, Encycl. Méth., pl. 301, f. 1.
1828. *Pisa Gibsii* Roux, Crust. de la Médit., pl. XXXIV.
1832. *Pisa Gibsii* Bouchard-Chantereaux, Cr. du Boul., p. 122.
1834. *Pisa Gibsii* Milne-Edwards, Hist. nat. des Crust., I, p. 307.
1838. *Pisa Gibsii* Costa, Faun. del Reg. di Napoli.
1853. *Pisa Gibsii* Bell, Brit. Stalk-Eyed Crust., p. 27.
1863. *Pisa Gibsii* Heller, Crust. des Südl-Europ., p. 41.
1872. *Pisa Gibsii* Fisher, Crust. Podoph. de la Gironde, p. 5.
1875. *Pisa Gibsii* De Folin, Fonds de la mer, III, p. 210.
1881. *Pisa Gibsii* Delage. Arch. de zool., IX, p. 156.
1884. *Pisa Gibsii* Beltremieux, Faun. viv. de la Charente, p. 34.
1886. *Pisa Gibsii* Kœhler, Faun. litt. des îles Angl.-Norm., p. 59.

Hab. Boulonnais, St-Waast (Grube), îles Anglo-Normandes, Roscoff, Concarneau, Le Croisic, Charente-Inférieure, Gironde, cap Breton.

Très rare ; je n'ai dragué qu'une seule fois ce Crabe par 25 mètres, dans une touffe d'algues détachées du fond dans la baie de Concarneau.

7. Pisa tetraodon Pennant.

1551. *Cancer heracleotique* Rondelet, Hist. pisc., t. 2, p. 403.
1602. *heracleotique* Aldovrandus, De anim. ins., p. 185.
1777. *Cancer tetraodon* Pennant, Zool. Brit., t. IV, pl. VIII, f. 15.
1792. *Cancer prœdo* Herbst, Krabben n. Krebse, pl. 42, f. 2.
1802. *Maïa tetraodon* Bosc, Hist. Crust., t. I, p. 254.
1802. *Maïa prœdo* Bosc, Hist. Crust., t. I, p. 256.
1814. *Blastus tetraodon* Leach, Edimb. Encycl., t. VII, p. 431.
1815. *Pisa tetraodon* Leach, Malac. Brit., pl. 20, p. 14.
1825. *Maïa tetraodon* Brebisson, Cat. des Cr. du Calvados, p. 13.
1834. *Pisa tetraodon* Milne-Edwards, Hist. nat. des Cr., I, p. 305.
1853. *Pisa tetraodon* Bell, Brit. Stalk-Eyed Crust., p. 22.
1863. *Pisa tetraodon* Heller, Cr. des Südl-Europ., t. I. f. 15, p. 44.
1875. *Pisa tetraodon* De Folin, Fonds de la mer, III, p. 210.
1881. *Pisa tetraodon* Delage, Arch. de zool., IX, p. 156.

1882. *Pisa tetraodon* Barrois, Crust. Podoph. de Concar., p. 10.
1884. *Pisa tetraodon* Beltremieux, Faune viv. de la Char., p. 34.
1886. *Pisa tetraodon* Kœhler, F. litt. des îles Angl.-Norm., p. 59.

Hab. Fécamp (Giard), Calvados, St-Waast (Grube), îles Anglo-Normandes, St-Malo (Grube), Roscoff, Concarneau, Le Croisic, Charente-Inférieure, cap Breton.

Rare à la côte (Baie de la Forest), ce Crabe devient plus commun dans les fonds de 10 à 20 mètres, surtout entre les îles Glénans, sur les fonds de zostères, d'où les pêcheurs le rapportent souvent dans leurs filets.

Gen. MAIA Lamarck.

8. **Maïa squinado** Herbst.

1551. *Cancer squinado* Rondelet, Hist. pisc., liv. 18, p. 401.
1602. *Pagurus Venetorum* Aldovrandi, De anim. insect, p. 182
1765. *Cancer maïa* Seba, t. III, pl. 18, f. 2, 3.
1777. *Cancer spinosus* Pennant, Brit. zool., t. IV, pl. 8, f. 14.
1782. *Cancer squinado* Herbst, Versuch, etc., pl. 56.
1798. *Inachus cornutus* Fabricius, Suppl., p. 356.
1802. *Maïa squinado* Latreille, His. nat. des Crust., t. VI, p. 93.
1818. *Maïa squinado* Latreille, Encycl. méth., p. 277, f. 1-2.
1825. *Maïa squinado* Brebisson, Cat. des Crust du Calvados, p. 12.
1832. *Maïa squinado* Bouchard-Chantereaux, Cat. des Crust. du Boulonnais, p. 122.
1834. *Maïa squinado* Milne-Edwards, Hist. nat. des Cr., I, p. 327.
1853. *Maïa squinado* Bell, Brit. Stalk-Eyed Crust., p. 39.
1863. *Maïa squinado* Heller, Crust. des Südl-Europ., p. 49, t. I, f. 17-24.
1872. *Maïa squinado* Fisher, Crust. Podoph. de la Gironde, p. 5.
1875. *Maïa squinado* de Folin, Fonds de la mer, III, p. 210.
1881. *Maïa squinado* Delage, Arch. de zool., IX, p. 156.
1882. *Maïa squinado* Barrois, Crust. Podoph. de Concarn., p. 10.
1884. *Maïa squinado* Beltremieux, F. viv. de la Char.-Inf., p. 34.
1886. *Maïa squinado* Kœhler, F. litt. des îles Angl.-Norm., p. 59.

Hab. Boulonnais, Le Hâvre, Calvados, îles Anglo-Normandes, Roscoff, Concarneau, Le Croisic, Charente-Inférieure, Gironde, cap Breton.

Ce crabe, assez peu commun à la côte, où il est capturé

par les pêcheurs à la senne, devient très fréquent dans les fonds de 10 à 20 mètres ; on le retrouve encore à 100 mètres, où il acquiert alors une très grande taille.

La carapace de ce crustacé, surtout quand il est dragué à de grandes profondeurs, est excessivement intéressante pour le zoologiste ; elle sert de refuge à de nombreux amphipodes, nématodes, hydraires, bryozoaires, échinodermes, etc. Un amphipode, *Isœa Montagui* M. EDWARDS, est toujours commensal de ce crabe ; il se tient de préférence à l'ouverture de la cavité branchiale et sous les pattes mâchoires ; j'en ai compté jusque 27 exemplaires sur un seul individu.

Outre *Isœa Montagui*, j'ai recueilli dans ces conditions les amphipodes suivants :

Elasmopus latipes BOECK,
Hyale Nilsonni RATHKE,
Protomedeia hirsutimana SP. BATE,
Cerapus difformis MILNE EDWARDS,
Sunamphitoe hamulus SP. BATE,
Caprella linearis LINNÉ,
Aora gracilis SP. BATE,
Autonoe longipes LILLEBORG,
Gamaropsis erythropthalmus LILLEBORG,
Melita obtusata MONTAGU,
Photis Reinhardi KROYER,

Cette liste s'accroîtra certainement dans de grandes proportions quand on examinera un plus grand nombre de *Maïa*, surtout ceux des profondeurs (1). Outre ces 12 amphipodes, j'ai trouvé de la même façon : *Amphiura squammata* DELLE-CHIAGE,

---

(1) CHEVREUX a signalé tout récemment vingt-deux espèces d'amphipodes trouvées plus ou moins souvent dans ces conditions. Malheureusement il n'en donne pas la liste. (*Note sur les Crustacés amphipodes de la côte ouest de la Bretagne*. Compt.-rend. de l'Acad. des Sci. 3 janv. 1886).

Flustra papyracea Ellis et Sol.,
Flustra securifrons Pallas,
Bugula flabellata Thompson,
Bugula plumosa Pallas,
Hornera lichenoides Linne.

Il ne faut pas négliger de visiter la carapace à l'intérieur quand on trouve le crabe mort et en décomposition : c'est dans ces conditions que j'ai trouvé plus de 300 exemplaires d'un amphipode rare, *Orchomone minutus* Kroyer.

Gen. EURYNOME Leach.

9. **Eurynome aspera** Pennant.

1777. *Cancer asperus* Pennant, Brit. zool., t. IV, p. 13.
1815. *Eurynome aspera* Leach, Malac. Brit., pl. 17.
1818. *Eurynome aspera* Latreille, Encycl. méth., pl. 281, f. 4, pl. 301, f. 5.
1825. *Eurynome aspera* Desmarest, Cons. sur les Cr., t. XX, f. 2.
1826. *Eurynome scutellata* Risso, Hist. nat. de l'Eur. mérid., t. V, p. 21.
1829. *Eurynome aspera* Guérin, Iconog. Crust., tab. VII, f. 4.
1832. *Eurynome aspera* Bouchard-Chantereaux, Crust. du Boulonnais, p. 122.
1834. *Eurynome aspera* Milne-Edwards, Hist. nat. des Crust., I, p. 351.
1838. *Eurynome bolitefera* Costa. F. del reg. di Napoli, t. III, f. 3.
1849. *Eurynome aspera* Lucas, Anim. articul. de l'Algérie, p. 10.
1853. *Eurynome aspera* Bell, Brit. Stalk-Eyed Crust., p. 46.
1863. *Eurynome aspera* Heller, Crust. des Südl-Europ., p. 54, pl. II. f. 1.
1868. *Eurynome aspera* Norman, Rep. on dredg. Shetland, p. 263.
1872. *Eurynome aspera* Fisher, Crust. Podoph. de la Gironde, p. 6.
1875. *Eurynome aspera* de Folin, Fonds de la mer, p. 210.
1881. *Eurynome aspera* Delage, Arch. de zool., IX, p. 56.
1882. *Eurynome aspera* Barrois, Cr. Podoph de Concarn., p. 11.
1884. *Eurynome aspera* Beltremieux, F. viv. de la Charente, p. 34.
1886. *Eurynome aspera* Kœhler, F. litt. des îles Angl.-Norm., p. 59.

Hab. Boulonnais (Bouchard Chantereaux), îles Anglo-normandes, Roscoff, Concarneau, Le Croisic, Charente-Inférieure, Gironde, Cap Breton.

Ce Crabe est assez fréquent dans les fonds à herbier vaseux de la Baie de Concarneau, de 10 à 20 mètres, d'où la drague le rapporte avec de grandes quantités de *Suberites lobatus* O. SCHMIDT. Il est aussi très commun dans la baie de Quiberon.

Gen. LAMBRUS LEACH.

10. **Lambrus Massena** ROUX.

1828. *Lambrus massena* ROUX, Crust. de la Médit., pl. 23, f. 7-12.
1834. *Lambrus massena* MILNE-EDWARDS, Hist. nat. des Crust., I, p. 356.
1838. *Parthenope contracta* COSTA, Fauna del Reg. di Napoli, t. 4.
1849. *Lambrus massena* LUCAS, Anim. articul. de l'Algérie, p. 10, pl. I, f. 3.
1863. *Lambrus massena* HELLER, Crust. des Südl-Europ., p. 56.
1875. *Lambrus massena* DE FOLIN, Fonds de la mer, III, p. 210.
1883. *Lambrus massena* MARION, Arch. du Mus. de Mars., t. I, p. 25.

Hab. Concarneau, cap Breton.

Ce Crabe méditerranéen est signalé ici pour la première fois sur les côtes de Bretagne. Il est très rare à Concarneau, où je ne l'ai trouvé qu'une seule fois par 15 mètres dans les fonds à *Spongites coralloïdes* (Maërl) au nord des Glénans, en face des Pierres-Noires, (Août).

M. DE FOLIN, dans les *Fonds de la mer*, dit en avoir dragué un exemplaire dans la plus grande profondeur de la fosse du Cap Breton.

Il est à remarquer que ces fonds coralligènes, semblables à ceux du golfe de Marseille, ont une forme méditerranéenne très caractérisée : c'est en effet dans ces mêmes parages que j'ai trouvé une autre forme méridionale, le *Portunus longipes* RISSO.

CYCLOMETOPA.

Gen. CANCER Linné.

11. **Cancer pagurus** Linné.

1551. *Cancer mœnas* Rondelet, Hist. pisc., t. 2, p. 400.
1766. *Cancer pagurus* Linné, Syst. nat., édit. XII, p. 1044.
1777. *Cancer pagurus* Pennant, Brit. zool, IV, pl. 3, f. 7.
1782. *Cancer pagurus* Herbst, Versuch, etc., t. I, pl. 9, f. 59.
1792. *Cancer fimbriatus* Olivi, Zool. adriat., pl. 47, t. 1.
1815. *Cancer pagurus* Leach, Malac. Brit., t. X.
1825. *Cancer pagurus* Desmarest, Cons. sur les Cr., p. 103, pl. 5.
1825. *Cancer pagurus* Brebisson, Crust. du Calvados, p. 9.
1832. *Cancer pagurus* Bouchard-Chantereaux, Crust. du Boulonnais, p. 120.
1834. *Platycarcinus pagurus* Milne-Edwards, Hist. nat. des Cr., I, p. 413.
1838. *Cancer pagurus* Costa, Faun. del Reg. di Napoli, Cr., p. 6.
1853. *Cancer pagurus* Bell, Brit. Stalk-Eyed Crust., p. 59.
1863. *Cancer pagurus* Heller, Cr. des Südl-Europ., p. 62, t. II, f. 2.
1868. *Cancer pagurus* Norman, Rep. on dredg. Shetland, p. 263.
1872. *Cancer pagurus* Fisher, Crust. Podoph. de la Gironde, p. 6.
1875. *Cancer pagurus* de Folin, Fonds de la mer, III, p. 210.
1881. *Platycarcinus pagurus* Delage, Arch. de zool., IX, p. 156.
1882. *Cancer pagurus* Barrois, Crust. Podoph. de Concarn., p. 15.
1884. *Cancer pagurus* Beltremieux, Faun. viv. de la Char., p. 33.
1886. *Cancer pagurus* Kœhler, F. litt. des îles Ang.-Norm., p. 59.

Hab. Sur toutes les côtes océaniques de France.

Très commun sur toute la côte et à tous les niveaux ; les petits individus se trouvent à la côte, à marée basse, tandis que les plus gros exemplaires sont surtout capturés par les pêcheurs de homards dans les fonds de 70 à 100 mètres.

Il porte assez rarement *Sacculina triangularis* Anderson qui se trouve sur les petits et moyens individus.

Gen. PIRIMELA Leach.

12. **Pirimela denticulata** Montagu.

1815. *Cancer denticulatus* Montagu, trans Linn. Soc., vol. IX, pl. 2, f. 2.
1815. *Pirimela denticulata* Leach, Brit. Malac., pl. 3.

1818. *Pirimela denticulata* LATREILLE, Encycl., t. X, p. 138.
1825. *Pirimela denticulata* DESMAREST, Consid. sur Crust., p. 106, pl. 9, f. 1.
1832. *Pirimela denticulata* BOUCHARD - CHANTEREAUX, Crust. du Boulonnais, p. 120.
1834. *Pirimela denticulata* MILNE-EDWARDS, Hist. nat. des Crust., I, p. 424.
1838. *Pirimela denticulata* COSTA, F. del reg. di Napoli, Cr., p. 1.
1853. *Pirimela denticulata* BELL, Brit. Stalk-Eyed Crust., p. 72.
1863 *Pirimela denticulata* HELLER, Crust. d. Südl-Europ., p. 64, t. II, f. 4.
1872. *Pirimela denticulata* FISHER, Crust. de la Gironde, p. 6.
1875. *Pirimela denticulata* DE FOLIN. Fonds de la mer, III, p. 210.
1881. *Pirimela denticulata* DELAGE, Arch. de zool., IX, p. 156.
1882. *Pirimela denticulata* BARROIS, Cr. Podoph. de Concarn., p. 12.
1884. *Pirimela denticulata* BELTREMIEUX, Faun. viv. de la Charente, p. 23.
1886. *Pirimela denticulata* KŒHLER, Faun. litt. des îles Angl.-Norm., p. 59.

Hab. Boulonnais, Fécamp (GIARD), îles Anglo-normandes, Roscoff, Concarneau, Le Croisic, Charente, Gironde Cap Breton.

Pas très rarement dragué dans la Baie de Concarneau jusqu'à 25 mètres ; on le trouve aussi dans les algues rouges, assez communément, à marée basse.

Gen. XANTHO LEACH.

13. **Xantho floridus** MONTAGU.

1792. *Cancer poressa* OLIVI, Zool. adriat., pl. 2, f. 3.
1814. *Cancer incisus* LEACH, Edimb. Encycl., VII, p. 391.
1814. *Xantho incisa* LEACH, Edmb. Encycl., p. 430.
1815. *Cancer floridus* MONTAGU, Trans. Linn. Soc., t. IX, p. 85, pl. II, f. 1.
1815. *Xantho florida* LEACH, Trans. Linn. Soc., XI, p. 320.
1816. *Cancer poressa* RISSO, Crustacés de Nice, p. 11.
1834. *Xantho floridus* MILNE-EDWARDS, Hist. nat. des Cr., I, p. 394.
1853. *Xantho floridus* BELL, Brit. Stalk-Eyed Crust., p. 51.
1863. *Xantho floridus* HELLER, Crust. des Südl-Europ., p. 67.
1868. *Xantho floridus* NORMAN, Rep. on dredg. Shetland, p. 263.
1872. *Xantho floridus* FISHER, Crust. Podoph. de la Gironde, p. 6.

1881. *Xantho floridus* DELAGE, Arch. de zool., IX, p. 156.
1882. *Xantho floridus* BARROIS, Crust. Podoph. de Concarn., p. 12.
1884. *Xantho floridus* BELTREMIEUX, Faun. viv. de la Char., p. 33.
1886. *Xantho floridus* KŒHLER, F. litt. des îles Angl.-Norm., p. 59.

Hab. Iles Anglo-normandes, Roscoff, Concarneau, Le Croisic, Charente, Gironde.

Très commun à la côte, sous les pierres, on le drague encore jusque vers 40 mètres.

Il est très rarement infesté par un Entoniscien nouveau, *Cancrion floridus* GIARD et BONNIER, qui se rencontre en moyenne une fois sur 300 individus; il est aussi porteur d'un Bopyrien nouveau, *Cepon pilula* GIARD et BONNIER, qui n'a été rencontré qu'une fois sur environ neuf cents crabes examinés; il est aussi infesté par une Rhizocéphale que nous n'avons pas rencontré personnellement *Sacculina Gerbei* GIARD.

14. **Xantho rivulosus** RISSO.

1782. *Cancer hydrophilus* HERBST, Versuch, etc., p. 226, t. XXI, f. 224.
1815. *Xantho florida var.* B. LEACH, Trans. Linn. Soc., XI, p. 320.
1826. *Xantho rivulosus* RISSO, Hist. de l'Europ. mérid., t. V, p. 9.
1826. *Xantho rivulosus* SAVIGNY, Descrip. de l'Egypte; Crust., pl. 5, f. 8.
1828. *Xantho rivulosus* ROUX, Crust. de la Médit., t. 35.
1834. *Xantho rivulosus* MILNE-EDWARDS, H. nat. des Cr., I, p. 394
1837. *Xantho rivulosus* RATHKE, Beit. zur Faun der Krim. Mém. de l'Acad. de Pétersb., t. III, p. 358.
1853. *Xantho rivulosus* BELL, Brit. Stalk-Eyed Crust., p. 54.
1863. *Xantho rivulosus* HELLER, Crust. des Südl-Europ., p. 66.
1872. *Xantho rivulosus* FISHER, Crust. Podoph. de la Gironde, p. 7.
1875. *Xantho rivulosus* DE FOLIN, Fonds de la mer, III, p. 210.
1881. *Xantho rivulosus* DELAGE, Arch. de zool., t. IX, p. 156.
1882. *Xantho rivulosus* BARROIS, Cr. Podoph. de Concarn., p. 12.
1884. *Xantho rivolusus* BELTREMIEUX, Faun. viv. de la Char., p. 33.
1886. *Xantho rivulosus* KŒHLER, F. litt. des îles Angl.-Norm., p.59.

Hab. Iles Anglo-normandes, Roscoff, Concarneau, Le Croisic, Charente, Gironde, Cap Breton.

Ce Crabe vit avec le précédent, mais à Concarneau il est plus rare tandis que c'est le contraire sur la côte océanique à partir du Croisic où il est plus fréquent ; il vit à un niveau plus élevé.

Gen. PILUMNUS LEACH.

15. **Pilumnus hirtellus** LINNÉ.

1766. *Cancer hirtellus* LINNÉ, Syst. nat., édit. XII, p. 1045.
1777. *Cancer hirtellus* PENNANT. Brit. zool., t. IV, pl. VI, f. 1, p. 9.
1815. *Pilumnus hirtellus* LEACH, Malac. Brit., pl. 12.
1825. *Cancer hirtellus* BREBISSON, Crust. du Calvados, p. 10.
1832. *Eriphia spinifrons* BOUCHARD-CHANTEREAUX, Crust. du Boulonnais, p. 121.
1834. *Pilumnus hirtellus* MILNE-EDWARDS, Hist. nat. des Crust., I, p. 417.
1838. *Pilumnus hirtellus* COSTA, Fauna del reg. di Napoli, p. 7.
1853. *Pilumnus hirtellus* BELL, Brit. Stalk-Eyed Crust., p. 68.
1863. *Pilumnus hirtellus* HELLER, Crust. des Südl-Europ., p. 72, t. II, f. 8.
1872. *Pilumnus hirtellus* FISHER, Cr. Podoph. de la Gironde, p. 7.
1875. *Pilumnus hirtellus* DE FOLIN, Fonds de la mer, III, p. 210.
1881. *Pilumnus hirtellus* DELAGE, Arch. de zool., IX, p. 156.
1882. *Pilumnus hirtellus* BARROIS, Cr. Podoph. de Concarn., p. 13.
1884. *Pilumnus hirtellus* BELTREMIEUX, F. viv. de la Char., p. 33.
1886. *Pilumnus hirtellus* KŒHLER, Faun. litt. des îles Angl.-Norm., p. 59.

Hab. Sur toute la côte depuis le Boulonnais jusqu'au Cap Breton.

Très commun à marée basse, à la base des Laminaires ; on en trouve très fréquemment dans l'intérieur des bulbes des *Haligenia bulbosa*. Je l'ai dragué jusque vers 15 mètres.

Gen. ERIPIA LATREILLE.

16. **Eriphia spinifrons** HERBST.

1782. *Cancer spinifrons* HERBST, Versuth, etc., pl. XI, f. 65.
1798. *Cancer spinifrons* FABRICIUS, Suppl., p. 339.
1825. *Eriphia spinifrons* DESMAREST, Cons. sur les Cr., pl. 14, f. 1.

1825. *Eriphia spinifrons* BREBISSON, Crust. du Calvados, p. 10.
1826. *Eriphia spinifrons* SAVIGNY, Descrip. de l'Egypte, pl. IV, f. 7.
1834. *Eriphia spinifrons* MILNE-EDWARDS, Hist. nat. des Crust., I, p. 426.
1838. *Eriphia spinifrons* COSTA, Faun. del reg. di Napoli, Cr., p. 5.
1863. *Eriphia spinifrons* HELLER, Crust. des Südl-Europ., p. 75, t. II, f. 9.
1872. *Eriphia spinifrons* FISHER, Crust. Podoph. de la Gironde, p. 7.
1875. *Eriphia spinifrons* DE FOLIN, Fonds de la mer, III, p. 210.
1884. *Eriphia spinifrons* BELTREMIEUX, Faun. viv. de la Charente-Inf., p. 32.

Hab. Calvados? (BREBISSON), Concarneau, Le Croisic, Charente, Gironde, Cap Breton

Ce Crabe est très rare à Concarneau ; il vit dans les rochers du Cabellou et de Trévignon, à la limite extrême des marées avec les *Pachygrapsus marmoratus*. Il devient plus commun quand on descend vers le sud, à Quiberon, à l'île Dumet, au Croisic, etc. Concarneau doit être la limite septentrionale de l'aire de dispersion de ce crabe méditerranéen, quoiqu'il soit indiqué par BREBISSON dans les rochers du Calvados ; mais peut-être y a-t-il une erreur dans le genre de celle de BOUCHARD qui avait confondu le *Pilumnus hirtellus* avec cette espèce. (Voir GIARD, Sur quelques Crustacés des côtes du Boulonnais. *Bull. scientif. du Nord*, 1886).

Gen. CARCINUS LEACH.

17. **Carcinus mænas** PENNANT.

1777. *Cancer mœnas* PENNANT, Brit. zool., t. IV, p. 3, pl. III, f. 5.
1814. *Portunus mœnas* LEACH, Edimb. Encycl. VII, p. 390.
1814. *Carcinus mœnas* LEACH, Edimb. Encycl. VII, p. 429.
1815. *Carcinus mœnas* LEACH, Trans. of Linn. Soc. XI, p. 314.
1825. *Cancer mœnas* BREBISSON, Cat. des Crust. du Calvados, p. 9.
1832. *Carcinus mœnas* BOUCHARD-CHANTEREAUX, Crust. du Boulonnais, p. 118.
1834. *Carcinus mœnas* MILNE-EDWARDS, Hist. nat. des Crust. T. I, p. 434.
1838. *Carcinus mœnas* COSTA, Fauna del reg. di Napoli, Cr., p. 7.
1853. *Carcinus mœnas* BELL, Brit. Stalk-Eyed Crust., p. 76.

1863. *Carcinus mœnas* HELLER, Crust. des Südl-Europa, p. 91, pl. II, f. 14-15.
1868. *Carcinus mœnas* NORMAN, Rep. on dredg. Shetland, p. 263.
1872 *Carcinus mœnas* FISHER, Crust. de la Gironde, p. 7.
1875. *Carcinus mœnas* DE FOLIN, Fonds de la mer, III, p. 210.
1881. *Carcinus mœnas* DELAGE, Arch. de zool. IX, p. 156.
1882. *Carcinus mœnas* BARROIS, Crust. Podoph. de Concarn., p. 13.
1884. *Carcinus mœnas* BELTREMIEUX, Faun. viv. de la Char., p. 33.
1886. *Carcinus mœnas* KŒHLER, F. litt. des îles Angl.-Norm., p. 59.

Hab. Toutes nos côtes.

Ce Crabe, très commun, est uniquement littoral ; on ne le drague pas au-delà de quelques mètres de fond. Comme l'a fait remarquer TH. BARROIS, il remonte très avant dans la rivière du Moro.

On le trouve fréquemment infesté par *Sacculina carcini* PENNANT et plus rarement (un sur cent individus) par *Portunion Mœnadis* GIARD.

Gen PLATYONICHUS DEHAAN.

18. **Platyonichus latipes** PENNANT.

1777. *Cancer latipes* PENNANT, Brit. zool. IV, t. I, f. 4.
1782. *Cancer latipes* HERST, Versuch, etc., t. 21, f. 126.
1814. *Portumnus variegatus* LEACH, Edimb. Encycl. VII, p. 391.
1815. *Portumnus variegatus* LEACH, Malac. Brit., T. IV.
1818. *Platyonichus depurator* LATREILLE, Encycl., t. X, p. 151.
1825. *Platyonichus variegatus* BREBISSON, Cat. des Crust. du Calvados, p. 3.
1832. *Portumnus variegatus* BOUCHARD-CHANTEREAUX, Crust. du Boulonnais, p. 118.
1834. *Platyonichus latipes* MILNE-EDWARDS, Hist. nat. des Crust. I, p. 436.
1838. *Platyonichus variegatus* COSTA, Fauna del reg. di Napoli, Crust., p. 3.
1853. *Portumnus variegatus* BELL, Brit. Stalk-Eyed Crust., p. 85.
1860. *Platyonichus latipes* MILNE-EDWARDS (A.). Arch. du Museum, t. X, p. 411.
1863. *Platyonichus latipes* HELLER, Crust. des Südl-Europ., p. 93.
1872. *Platyonichus latipes* FISHER, Cr. Podoph. de la Gironde, p. 7.
1875. *Platyonichus latipes* DE FOLIN, Fonds de la mer, III, p. 210.
1882. *Platyonichus latipes* BARROIS, Cr. Podoph. de Conc., p. 13.

1884. *Platyonichus latipes* Beltremieux, F. viy. de la Char., p. 34.
1886. *Portumnus variegatus* Kœhler, Faun. litt. des îles Angl.-Norm., p. 59.

Hab. Boulonnais, Calvados, îles Anglo-normandes, Concarneau, Le Croisic, Charente, Gironde, Cap Breton.

Ce petit Crabe est fréquent sur toutes les plages de sable de la baie de Concarneau et des Glénans.

19. **Platyonichus biguttatus** Risso.

1816. *Portunus biguttatus* Risso, Crust. de Nice, pl. I, f. 2.
1818. *Platyonichus nasutus* Latreille. Encycl., t. X, p. 151.
1826. *Portunus biguttatus* Risso, Hist. nat. de l'Eur. mér., V, p. 5.
1834. *Platyonichus nasutus* Milne-Edwards, Hist. nat. des Crust., I, p. 438.
1838. *Platyonichus nasutus* Costa, F. del reg. di Napoli, t. VI, f. 4.
1849. *Platyonichus nasutus* Lucas, Anim. articul. de l'Algérie, p. 14, pl. 2, f. 3.
1860. *Platyonichus nasutus* Milne-Edwards (A.), Arch. du Muséum, t. X, p. 412.
1863. *Platyonichus nasutus* Heller, Crust. des Südl-Europ., p. 94.

Hab. Concarneau.

C'est la première fois, à ma connaissance, que ce petit Crabe méditerranéen est signalé dans une station aussi septentrionale. Il est rare à Concarneau, je n'en ai trouvé qu'un exemplaire dans des Algues, à marée basse.

Gen. POLYBIUS Leach.

20. **Polybius Henslowii** Leach.

1815. *Polybius Henslowii* Leach, Malac. Brit., pl. 9, B.
1834. *Polybius Henslowii* Milne-Edwards, Hist nat. des Crust., t. I, p. 439.
1853. *Polybius Henslowii* Bell, Brit. Stalk-Eyed. Crust., p. 116.
1872. *Polybius Henslowii* Fisher, Cr. Podoph. de la Gironde, p. 8.
1875. *Polybius Henslowii* de Folin, Fonds de la mer, III, p. 210.
1881. *Polybius Henslowii* Delage, Arch. de zool., IX, p. 156.
1884. *Polybius Henslowii* Beltremieux, F. viv. de la Char., p. 34.

Hab. Roscoff, Concarneau, Le Croisic, Charente, Gironde, Cap Breton.

Ce Crabe, qui manque à la Méditerranée, n'est pas très rare à Concarneau, dans les dragages du large, depuis 20 jusqu'à 100 mètres. On le rencontre aussi nageant à la surface, très loin des côtes.

Genre *Portunus* Leach.

21. **Portunus arcuatus** Leach.

1815. *Portunus arcuatus* Leach, Malac. Brit., VII, f. 5, 6.
1815. *Portunus emarginatus* Leach, Malac. Brit. VII, f. 3, 4.
1816. *Portunus Rondeletii* Risso. Hist. des Cr. de Nice, pl. I, f. 3.
1818. *Portunus Rondeletii* Latreille, Encycl., t. X, p. 192.
1825. *Portunus Rondeletii* Brebisson, Crust. du Calvados, p. 7.
1826. *Portunus Rondeletii* Risso, Hist. nat. de l'Eur. mérid., V, p. 2.
1834. *Portunus Rondeletii* Milne-Edwards, Hist. nat. des Crust., I, p. 444.
1838. *Portunus Rondeletii* Costa, Faun. del. Reg. di Napoli, Cr., p. 2.
1853. *Portunus arcuatus* Bell, Brit. Stalk-Eyed Crust., p. 97.
1860. *Portunus arcuatus* Milne-Edwards (A.), Arch. du Museum, t. X, p. 399.
1863. *Portunus arcuatus* Heller, Crust. des Südl-Europ., p. 88.
1872. *Portunus arcuatus* Fisher, Cr. Podoph. de la Gironde, p. 9.
1875. *Portunus arcuatus* de Folin, Fonds de la mer, III, p. 210.
1882. *Portunus arcuatus* Barrois, Crust. Podoph. de Concarn., 15.
1884. *Portunus Rondeletii* Beltremieux, Faun. viv. de la Charente, p. 33.
1886. *Portunus arcuatus* Kœhler, Faun. litt. des îles Angl.-Norm., p. 59.

Hab. Calvados, St-Waast (Grube). Iles Anglo-Normandes, Concarneau, le Croisic, Charente, Gironde, Cap Breton.

Ce *Portunus* est communément pris à la drague à Concarneau entre 10 et 30 mètres sur les fonds d'herbiers et de sable vaseux, surtout dans la Baie de la Forest. Il est fréquemment infesté (1 individu sur 15 environ) par un Bopyrien nouveau pour la faune française qui a été décrit à Naples par KOSSMANN, le *Portunion Salvatoris*. Il est également et quelquefois simultanément infesté par *Sacculina similis* GIARD.

Le prof. GIARD (Bull. Scientif. du Nord, 1886) a rectifié l'erreur de FISHER qui indique comme très commun le *P. arcuatus*, sur les côtes du Boulonnais, d'après BOUCHARD qui n'en dit rien.

22. **Portunus corrugatus** PENNANT.

1777. *Cancer corrugatus* PENNANT, Brit. zool., t. IV, f. 5, t. 5, f. 9.
1782. *Cancer corrugatus* HERBST, Versuch, etc., t. VII, f. 50.
1814. *Portunus corrugatus* LEACH, Edimb. Encycl., VI, p. 390.
1815. *Portunus corrugatus* LEACH, Malac. Brit., t. VII, f. 12.
1834. *Portunus corrugatus* MILNE-EDWARDS, Hist. nat. des Crust., I, p. 443.
1838. *Portunus corrugatus* COSTA, Faun. del Reg. di Napoli, Crust., p. 2.
1853. *Portunus corrugatus* BELL, Brit. Stalk-Eyed Crust., p. 94.
1860. *Portunus corrugatus* MILNE-EDWARDS (A.), Arch. du Museum, t. X, p. 400, pl. 32, f. 3.
1863. *Portunus corrugatus* HELLER, Crust. des Südl-Europ., p. 86.
1881. *Portunus corrugatus* DELAGE, Arch. de zool., IX, p. 156.
1882. *Portunus corrugatus* BARROIS, Cr. Podoph. de Conc., p. 14.
1884. *Portunus corrugatus* BELTREMIEUX, Faun. viv. de la Charente, p. 33.
1886. *Portunus corrugatus* KŒHLER, Faun. litt. des îles Anglo-Norm., p. 59.

Hab. Iles Anglo-Normandes, Roscoff, Concarneau, Charente.

C'est, après le *Portunus longipes*, le plus rare des *Portunus* de Concarneau ; je l'ai dragué, de 15 à 25 mètres de profondeur, assez rarement dans les sables vaseux du centre de la baie de Concarneau.

23. **Portunus depurator** LINNÉ.

1776. *Cancer depurator* LINNÉ, Syst. nat., édit. XII, p. 1043.
1777. *Cancer depurator* PENNANT, Brit. zool., t. IV, t. 4, f. 6 A.
1798. *Portunus depurator* FABRICIUS, Supp. Entom. syst., p. 365.
1814. *Portunus depurator* LEACH, Edimb. Encycl., VI, p. 390.

1815. *Portunus depurator* LEACH, Malac. Brit., t. X, f. 1-2.
1816. *Portunus plicatus* RISSO, Crust. de Nice, p. 29.
1818. *Portunus depurator* LATREILLE, Encycl., t. X, p. 193.
1826. *Portunus plicatus* RISSO, Hist. nat. de l'Eur. mér., t. V, p. 3.
1828. *Portunus plicatus* ROUX, Crust. de la Médit., pl. 32, f. 6-8.
1834. *Portunus plicatus* MILNE-EDWARDS, Hist. nat. des Crust., I, p. 442.
1853. *Portunus depurator* BELL, Brit. Stalk-Eyed Crust., p. 101.
1860. *Portunus depurator* MILNE-EDWARDS (A.), Arch. du Museum, t. X, p. 395.
1863. *Portunus depurator* HELLER, Crust. des Südl-Europ., p. 83.
1868. *Portunus depurator* NORMAN, Rep. ou dredg. Shetland, p. 263.
1872. *Portunus depurator* FISHER, Cr. Podoph. de la Gironde, p. 8.
1875. *Portunus depurator* DE FOLIN, Fonds de la mer, III, p. 210.
1882. *Portunus depurator* BARROIS, Cr. Podoph. de Concarn., p. 15.
1884. *Portunus depurator* BELTREMIEUX, F. viv. de la Char., p. 33.
1886. *Portunus depurator* KŒHLER, Faun. litt. des îles Anglo-Norm., p. 59.

Hab. Iles Anglo-Normandes, Concarneau, Le Croisic, Charente, Gironde, Cap Breton.

Très communément dragué dans toute la baie de Concarneau à partir de 10 mètres. Je l'ai trouvé jusqu'à plus de 60 mètres au-delà de la Basse-Rouge.

Quoique nous en ayons, M. GIARD et moi, examiné un très grand nombre, nous n'avons pas trouvé un seul parasite ni à l'extérieur ni à l'intérieur de ce crabe.

24. **Portunus holsatus** FABRICIUS.

1798. *Portunus holsatus* FABRICIUS, Supp. Entom. syst., p. 366.
1815. *Portunus lividus* LEACH, Malac. Brit., t. IX, f. 3-4.
1825. *Portunus holsatus* BREBISSON, Crust. du Calvados, p. 7.
1832. *Portunus marmoreus* BOUCHARD-CHANTEREAUX. Cr. du Boulonnais, p. 119.
1834. *Portunus holsatus* MILNE-EDWARDS, Hist. nat. des Crust., I, p. 443.
1837. *Portunus dubius* RATHKE. Beitrag, zur Faun. d. Krim. Mém. de l'A. de Pétersb., t. III, p. 355; t. III, f. 1-3.
1838. *Portunus holsatus* COSTA, Faun. del Reg. di Napoli, Cr., p. 4.
1853. *Portunus holsatus* BELL, Brit. Stalk-Eyed Crust., p. 109.

1860. *Portunus holsatus* Milne-Edwards (A.), Arch. du Museum, t. X, p. 393.
1863. *Portunus holsatus* Heller, Crust. des Südl-Europ., p. 85.
1868. *Portunus holsatus* Norman, Rep. on dredg. Shetland, p. 263.
1872. *Portunus holsatus* Fisher, Crust. Podoph. de la Gironde, p. 8.
1875. *Portunus holsatus* de Folin, Fonds de la mer, III, p. 210.
1882. *Portunus holsatus* Barrois, Crust. Podoph. de Conc., p. 15.
1886. *Portunus holsatus* Kœhler, Faun. litt. des îles Anglo-Norm., p. 59.

Hab. Boulonnais, Calvados, Iles Anglo-Normandes, Concarneau, Le Croisic, Gironde, Cap Breton.

On le drague avec le précédent, mais il est plus rare ; on le trouve aussi en grande marée sur les plages de sable de la baie de la Forest, de Loctuoy, et du Loch, aux Glénans. Nous n'avons pas trouvé dans ce crabe, le *Portunion Fraissei* Giard et Bonnier que nous avions trouvé à Wimereux.

Le *P. marmoreus* de Bouchard Chantereaux correspond évidemment à cette espèce. (Voir Giard. Crustacés du Boulonnais.)

25. **Portunus longipes** Risso.

1816 *Portunus longipes* Risso, Crust. des env. de Nice, t. I, f. 5, p. 30
1818. *Portunus longipes* Latreille, Encycl. X, p. 192.
1826. *Portunus longipes* Risso, Hist. nat. de l'Europ. mérid., V, p. 4.
1828. *Portunus longipes* Roux, Crust. de la Médit., t. IV.
1829. *Portunus infractus* Otto, Mém. de l'Acad. de Bonn., XIV, t. XX, f. 1.
1834. *Portunus longipes* Milne-Edwards, Hist. nat. des Crust., I, p. 444.
1838. *Portunus longipes* Costa, Faun. del Reg. di Napoli, Cr., p. 3.
1851. *Portunus Dalyelii* Sp. Bate, Ann. of. nat. Hist., vol. VII, p. 320, t. XI, f. 9.
1853. *Portunus longipes* Bell, Brit. Stalk-Eyed Cr., sup., p. 361.
1860. *Portunus longipes* Milne-Edwards (A.). Arch. du Museum, t. X, p. 460.
1863. *Portunus longipes* Heller. Crust. des Südl-Europ., p. 89.

Hab. Concarneau.

C'est la première fois que ce Cabre méditerranéen est

signalé sur les côtes océaniques de France, où on devait s'attendre à le trouver puisque Bell et Spence Bate l'ont indiqué sur les côtes Anglaises.

Il est très rare à Concarneau où je ne l'ai jamais trouvé qu'une seule fois (deux mâles et une femelle avec des œufs) dans un seul coup de drague dans les fonds à *Spongites coralloïdes* (Maërl) qui s'étendent au nord des Glénans, en face des Pierres Noires, (15 mètres de profondeur.)

L'espèce de dent qui se trouve au milieu de la carapace dans le dessin qui accompagne la description de Bell, vient d'une erreur du dessinateur qui a accentué outre mesure un très léger renflement de la carapace.

26. **Portunus marmoreus** Leach.

1815. *Portunus marmoreus* Leach, Malac. Brit., t. VIII.
1833. *Portunus Valentieni ?* Cocco, Descriz di alc. Crost. di Messina, p. 107.
1834. *Portunus marmoreus* Milne-Edwards, Hist. nat. des Crust., I, p. 442.
1838. *Portunus marmoreus* Costa, Fauna del Reg. di Napoli, p. 5.
1849. *Portunus barbarus* Lucas, Anim. articul. de l'Algérie, p. 15, pl. II, f. 3.
1853. *Portunus marmoreus* Bell, Brit. Stalk-Eyed Crust., p. 105.
1860. *Portunus marmoreus* Milne-Edwards (A.), Arch. du Muséum, t. X, p. 394.
1863. *Portunus marmoreus* Heller, Crust. des hidl-Europa, p. 85.
1872. *Portunus marmoreus* Fisher, Cr. Podoph. de la Gironde, p. 8.
1875. *Portunus marmoreus* de Folin, Fonds de la mer, III, p. 210.
1882. *Portunus marmoreus* Barrois, Cr. Podoph. de Conc., p. 15.
1884. *Portunus marmoreus* Beltremieux, Faun. viv. de la Charente, p. 34.
1886. *Portunus marmoreus* Kœhler, Faun. litt. des îles Anglo-Norm., p. 59.

Hab. Iles Anglo-Normandes, Concarneau, Le Croisic, Charente, Gironde, Cap Breton.

Ce Crabe n'est pas très rare à Concarneau depuis la zone de balancement des marées jussque environ 60 mètres. On le trouve à marée basse sur les grandes plages de sable, principalement à celle de l'île de Loch, et je l'ai dragué au-delà de Basse-Rouge par 60 mètres.

Nous avons vu plus haut que le *P. marmoreus* de BOUCHARD était en réalité le *P. holsatus*.

27. **Portunus puber** LINNÉ.

1766. *Cancer puber* LINNÉ, Syst. nat., édit. XII, p. 1046.
1777. *Cancer velutinus* PENNANT, Brit. zool., t. IV, p. 5; t. IV, f. 3.
1802. *Portunus puber* LATREILLE, Hist. des Crust., t. VI, p. 10.
1815. *Portunus puber* LEACH, Malac. Brit., tab. VI.
1825. *Portunus puber* DESMAREST, Consid. sur les Cr., pl. VI, f. 5.
1825. *Portunus puber* BREBISSON, Crust. du Calv., p. 6.
1832. *Portunus puber* BOUCHARD-CHANTEREAUX, Crust. du Boulonnais, p. 119.
1834. *Portunus puber* MILNE-EDWARDS, Hist. nat. des Cr., I, p. 441.
1853. *Portunus puber* BELL, Brit. Stalk-Eyed, Crust., p. 90.
1860. *Portunus puber* MILNE-EDWARDS (A.), Arch. du Museum, t. X, p. 398.
1863. *Portunus puber* HELLER, Crust. des Südl-Europ., p. 82, t. II, f. 11-13.
1872. *Portunus puber* FISHER, Crust. Podoph. de la Gironde, p. 8.
1875 *Portunus puber* DE FOLIN, Fonds de la mer, III, p. 210.
1881. *Portunus puber* DELAGE, Arch. de zool., IX, p. 156.
1882. *Portunus puber* BARROIS, Crust. Podoph. de Concarn., p. 14
1884. *Portunus puber* BELTRÉMIEUX, F. viv. de la Charente, p. 33.
1886. *Portunus puber* KŒHLER, F. litt. des îles Anglo-Norm., p. 59.

Hab. Toutes nos côtes.

Très commun sous les pierres à marée basse; on le drague sur les fonds de sable vaseux, dans toute la baie de Concarneau jusque vers une trentaine de mètres.

Quoiqu'en ayant examiné un grand nombre, nous n'avons trouvé ni *Portunion Moniezii* GIARD ni à *Sacculina Priei* GIARD qui l'infestent au Pouliguen.

28. **Portunus pusillus** LEACH.

1815. *Portunus pusillus* LEACH, Malac. Brit., pl. IX, f. 5.
1818. *Portunus pusillus* LATREILLE, Encycl., t. X, p. 192.
1826. *Portunus maculatus* RISSO, Hist. nat. de l'Europ. mérid., t. V, p. 5.

1828. *Portunus maculatus* Roux, Cr. de la Médit., t. XXXI, f. 1-8.
1834. *Portunus pusillus* Milne-Edwards, Hist. nat. des Crust., t. I, p. 444.
1838. *Portunus pusillus* Costa, Faun. del Reg. di Napoli, Cr., p. 6
1853. *Portunus pusillus* Bell, Brit. Stalk-Eyed., Crust., p. 112.
1860. *Portunus pusillus* Milne-Edwards (A.), Arch. du Museum, t. X, p. 397.
1863. *Portunus pusillus* Heller, Crust. des Südl.-Europ., p. 87.
1868. *Portunus pusillus* Norman, Rep. on dredg. Shetland, p. 263.
1875. *Portunus pusillus* de Folin, Fonds de la mer, III, p. 210.
1881. *Portunus pusillus* Delage, Arch. de zool., IX, p. 156.
1882. *Portunus pusillus* Barrois, Crust. de Concarneau, p. 16.

Hab. Roscoff, Concarneau, Le Croisic, Cap Breton.

Cette espèce, qui est assez rarement signalée dans les catalogues, n'est pas rare à Concarneau, où on la drague depuis 10 jusqu'à 30 mètres sur les fonds de sable vaseux et dans les herbiers.

Je ne l'ai trouvé qu'une fois à marée basse, sur la plage entre St-Nicolas et Bananec, aux Glénans.

CATOMETOPA.

Gen. GONOPLAX Leach.

29. **Gonoplax angulata** Pennant.

1777. *Cancer angulatus* Pennant, Brit. zool., IV, p. 7, t. V, f. 10.
1782. *Cancer angulatus* Herbst, Versuch, etc., t. I, f. 13.
1782. *Cancer rhomboïdes* Herbst, Versuch, etc., t. I, t. 12; t. 45, f. 5.
1795. *Cancer rhomboïdes* Fabricius. Syst. Entom., p. 404.
1798. *Cancer angulatus* Fabricius, Suppl., p. 341.
1802. *Ocypoda angulata* Bosc, Hist. nat. des Crust., t. I, p. 198.
1802. *Ocypoda rhomboïdes* Bosc, Hist. nat. des Crust., t. I, p. 198.
1802. *Ocypoda angulata* Latreille, Hist. nat. des Cr., t. VI, p. 44.
1802. *Ocypoda longimana* Latreille, Hist. nat. des Cr., t. VI, p. 44
1814. *Gonoplax angulata* Leach, Edimb. Encycl., VII, p. 430.
1815. *Gonoplax bispinosa* Leach, Malac. Brit., t. XIII.
1818. *Gonoplax longimana* Lamarck, Hist. des Anim. sans vert., t. V, p. 254.
1818. *Gonoplax bispinosa* Latreille, Enc., t. X, p. 293, pl. 273, f. 5.
1825. *Gonoplax rhomboïdes* Desmarest, Crust., p. 125, pl. 13, f. 2.
1826. *Gonoplax rhomboïdes* Risso, Hist. nat. de l'Europ. mérid., t. V, p. 13.

1828. *Gonoplax rhomboïdes* Roux, Crust. de la Medit., pl. 9.
1837. *Gonoplax angulata* Milne-Edwards, Hist. des Cr., II, p. 61.
1837. *Gonoplax rhomboïdes* Milne-Edwards, Hist. d. Cr., II, p. 62.
1838. *Gonoplax rhomboïdes* Costa, Faun. del Reg. di Nap., p. 10.
1840? *Gelaninus Bellii ?* Couch, Corn. Fauna, p. 73.
1852. *Gonoplax angulata* Milne-Edwards, Ann. des Sc. nat., IIIe série, XVIII, p. 162.
1852. *Gonoplax rhomboïdes* Milne-Edwards, Ann. des Sc. nat., IIIe série, XVIII, p. 162.
1853. *Gonoplax rhomboïdes* Bell, Brit. Stalk-Eyed., Crust., p. 130.
1863. *Gonoplax angulata* Heller, Crust. des Südl.-Europ., p. 103
1863. *Gonoplax rhomboïdes* Heller, Cr. des Südl.-Europ., p. 104
1872. *Gonoplax rhomboïdes* Fisher, Cr. Podoph. de la Gironde, p. 9.
1882. *Gonoplax angulata* Barrois, Cr. Podoph. de Concarn., p. 16.
1884. *Gonoplax longimanus* Beltremieux, F. viv. de la Char., p. 32.
1884. *Gonoplax angulata* Beltremieux, F. viv. de la Char., p. 32.

Hab. Concarneau, Le Croisic (Chevreux), Charente, Gironde.

Ce Crabe n'est pas rare à Concarneau dans les fonds de 100 mètres, au-delà de la Bouée de la Jument, au sud des îles Glénans, mais il est rarement rapporté par la drague, à cause, probablement, de son agilité. Heureusement, les pêcheurs de Homards le trouvent assez souvent dans leurs casiers. Je réunis, comme l'a fait Fisher les deux espèces *G. angulata* et *G. rhomboïdes* qui se distinguent d'après le nombre des épines de l'angle antérieur du céphalothorax : l'examen que j'ai pu faire de plus de 20 exemplaires de cette belle espèce m'a montré tous les passages depuis le simple tubercule à peine visible de *G. rhomboïdes* typique jusqu'à l'épine aïgue qui caractérise le type *angulata*.

Gen. *Pachygrapsus* Stimpson.

30. **Pachygrapsus marmoratus** Fabricius.

1554. *Cancer varius sive marmoratus* Rondelet, Hist. pisc., p. 556.
1787. *Cancer marmoratus* Fabricius, Mantissa, t. I, p. 319.
1790. *Cancer marmoratus* Herbst, Versuch, v. I, p. 261, t. 20, f. 114.
1792. *Cancer marmoratus* Olivi, Zool. Adriat., tab. XI, f. 1.
1798. *Cancer marmoratus* Fabricius, Syst. Entom., vol. III, p. 450.

1802. *Grapsus varius* LATREILLE, Hist. des Crust., t. VI, p. 67.
1818. *Grapsus varius* LATREILLE, Encycl. méth., t. X, p. 147.
1825. *Grapsus marmoratus* DESMAREST, Consid. sur les Crust.
1837. *Grapsus varius* MILNE-EDWARDS, Hist. des Crust., t. II, p. 88.
1838. *Grapsus varius* COSTA, Faun. del Reg. di Napoli, Cr., I.
1851. *Grapsus marmoratus* DE HAAN, Faun. Japon, p. 32.
1852. *Goniograpsus varius* DANA, Un, St. Expl. exped., Cr., I, p. 344.
1853. *Leptograpsus marmoratus* MILNE-EDWARDS, Ann. Sc. nat., IIIe série, t. 20, p. 171.
1858. *Pachygrapsus marmoratus* STIMPSON, Procedings of the Acad. of. nat. Sc. of Philadelphia, p. 101.
1863. *Pachygrapsus marmoratus* HELLER, Crust. des Südl.-Europ., p. 111, t. III, f. 8-10.
1872. *Pachygrapsus marmoratus* FISHER, Crust. Podoph. de la Gironde, p. 9.
1875. *Pachygrapsus marmoratus* DE FOLIN, F. de la mer, III, p. 210.
1881. *Grapsus varius* DELAGE, Arch. de zool., IX, p. 157.
1882. *Pachygrapsus marmoratus* BARROIS, Cr. de Concarn., p. 16.
1884. *Grapsus varius* BELTRÉMIEUX, Faun. viv. de la Char., p. 33.

Hab. Roscoff, Concarneau, Quiberon, Le Croisic, Charente, Gironde, Cap Breton.

Cette belle espèce, qui est si commune à partir de la baie de Quiberon, du Croisic et du Pouliguen, devient plus rare à Concarneau et ne dépasse pas, à ma connaissance, Roscoff, où on ne la trouve plus que sur les sommets des rochers de Tisaoson (DELAGE). Comme toujours, je l'ai trouvée à l'extrême limite de la zône que recouvre la mer à marée haute, avec *Eriphia spinifrons*; j'ai constaté sa présence dans les rochers de Trevignon, du Cabellou, de Men Cren, de Men March et de Penn ar vas hir.

Chose assez bizarre, je n'ai pu la trouver aux Glénans, dont les rochers semblent pourtant lui convenir admirablement et bien qu'elle soit excessivement commune dans les îles plus au Sud, comme Belle-Ile, Hédic, Houat, île Dumet, etc.

Comme je n'ai eu relativement que peu d'exemplaires à ma disposition, il n'est pas étonnant que je n'ai pas trouvé ni *Sacculina Benedenii* KOSSMANN ni *Grapsion Cavolinii* GIARD qui se trouvent sur la côte du Pouliguen.

Gen. PINNOTHERES LATREILLE.

31. Pinnotheres pisum LINNÉ.

1757. *Cancer pisum* LINNÉ, Syst. nat., édit. X, p. 628.
1765. *Cancer mytilorum* BASTER, Opus. subsc., vol. II, t. IV, f. 1-2.
1777. *Cancer pisum* PENNANT, Brit. zool., t. IV, p. 1, t. I, f. 1.
1777. *Cancer minutus* PENNANT, Brit. zool., t. IV, p. 1, t. I, f. 2.
1782. *Cancer pisum* HERBST, Krabben u. Krebse, t. 1, p. 95, t. 2, f. 21.
1782. *Cancer mytilorum* HERBST, Krabben u. Krebse, t. 1, p. 95, t. 2, f. 24-25.
1798. *Cancer pisum* FABRICIUS, Suppl., p. 344, n° 33.
1802. *Pinnotheres pisun* LATREILLE, Hist. nat. des Cr., t. XI, p. 83.
1815. *Pinnotheres pisum* LEACH, Malac. Brit., tab. XIV, f. 2-3 (♂).
1815. *Pinnotheres varians* LEACH, Mal. Brit., t. XIV, f. 10-11, (♂).
1815. *Pinnotheres Latreillii* LEACH, Mal. Brit., t. XIV, f. 7-8, (♀).
1815. *Pinnotheres Cranchii* LEACH, Mal. Brit., t. XIV, f. 4-5, (♀).
1825. *Pinnotheres pisum* BREBISSON, Cat. des Cr. du Calv., p. 11.
1825. *Pinnotheres mytilorum* BREBISSON, C. des Cr. du Calv., p. 11.
1825. *Pinnotheres pisum* DESMAREST, Consid. sur les Crust., p. 118, pl. 11, f. 3.
1826. *Pinnotheres pisum* RISSO, Hist. nat. de l'Europ. mérid., t. V, p. 16.
1826. *Pinnotheres Latreillii* RISSO, Hist. nat. de l'Europ. mérid., t. V, p. 16.
1832. *Pinnotheres pisum* BOUCHARD-CHANTEREAUX, Crust. du Boulonnais, p. 120.
1832. *Pinnotheres Cranchii* BOUCHARD-CHANTEREAUX, Cr. du Boulonnais, p. 121.
1837. *Pinnotheres pisum* MILNE-EDWARDS, Hist. des Cr., II, p. 31.
1838. *Pinnotheres pisum* COSTA, Faun. del Reg. di Nap., Cr., p. 3.
1838. *Pinnotheres modiola* COSTA, Faun. del Reg. di Nap., Cr., p. 4.
1853. *Pinnotheres mytilorum* MILNE-EDWARDS, Ann. des Sc. nat., IIIe série, t. XX, p. 217, pl. X, f. 1.
1853. *Pinnotheres pisum* BELL, Brit. Stalk-Eyed Crust., p. 121.
1863. *Pinnotheres pisum* HELLER, Crust. des Südl.-Europ., p. 117, t. III, f. 11-13.
1872. *Pinnotheres pisum* FISHER, Cr. Podoph. de la Gironde, p. 10.
1875. *Pinnotheres pisum* DE FOLIN, Fonds de la mer, III, p. 210.
1881. *Pinnotheres pisum* DELAGE, Arch. de zool., IX, p. 157.
1882. *Pinnotheres pisum* BARROIS, Cr. Podoph. de Concarn., p. 17.
1884. *Pinnotheres mytilorum* BELTREMIEUX, Faun. viv. de la Charente-Inf., p. 32.
1886. *Pinnotheres pisum* KŒHLER, F. litt. des îles Anglo-N., p. 59.

Hab. toutes nos côtes.

Ce petit Crabe est commensal d'une foule de mollusques acéphales ; on le trouve surtout fréquemment dans *Mytilus edulis*, *Cardium edule*, *Tapes decussata*, *Tapes pullastra*, etc., etc. ; j'en ai trouvé de grands exemplaires dans *Mya arenaria*.

OXYSTOMATA.

Gen. EBALIA Leach.

32. **Ebalia Cranchii** Leach.

1815. *Ebalia Cranchii* Leach, Malac. Brit., pl. 25, f. 7-11.
1817. *Ebalia Cranchii* Leach, Zool. Miscell., t. III, p. 20.
1837 *Ebalia Cranchii* Milne-Edwards, Hist. nat. des Cr., II, p. 129.
1838. *Ebalia discrepans* Costa, Faun. del regno di Napoli, Cr., t. V, f. 3-4.
1849. *Ebalia Deshayesi* Lucas, Anim. artic. d'Alg., p. 22, pl. 2, f. 7.
1853. *Ebalia Cranchii* Bell, Brit. Stalk-Eyed Crust., p. 141.
1863. *Ebalia Cranchii* Heller, Crust. des Südl.-Europ., p. 127.
1872. *Ebalia chiragra* Fisher, Fonds de la mer, t. II, p. 45, pl. 1, f. 1.
1872 *Ebalia Cranchii* Fisher, Crust. Podoph. de la Gironde, p. 10.
1875. *Ebalia Cranchii* de Folin, Fonds de la mer, t. III, p. 210.
1881. *Ebalia Cranchii* Delage, Arch. de zool., IX, p. 157.
1882. *Ebalia Cranchii* Barrois, Crust. Podoph. de Concarn., p. 17.
1886. *Ebalia Cranchii* Kœhler, F. lit. des îles Anglo-Norm., p. 59.

Hab. Iles Anglo-Normandes, Roscoff, Concarneau, Le Croisic, Gironde, Cap Breton.

Ce crabe n'est pas rare sur les fonds de sable coquilliers depuis 15 mètres jusqu'à 150 mètres. Il est fréquent dans le Maërl (*Spongites coralloïdes*) au nord des Glénans ; je l'ai dragué dans les fonds à Coraux jaunes (*Dendrophyllia ramea*, Linné) et à Coraux gris (*Porella compressa* Sowerby) par 100 mètres environ et au large de la pointe de Penmarch par 150 mètres. C'est d'ailleurs un crabe des grands fonds qui a été dragué au-delà de 1,000 mètres.

La variété *Chiragra* Fisher n'est pas très rare.

33. **Ebalia tuberosa** Pennant.

1777. *Cancer tuberosus* Pennant, Brit. zool., IV, t. IX, *a* f. 19.
1815. *Ebalia Pennantii* Leach, Malac. Brit., t. XXV, f. 1-6.
1817. *Ebalia Pennantii* Leach, Zool. Misc., III, p. 19.
1837. *Ebalia Pennantii* Milne-Edwards, Hist. nat. des Crust., II, p. 129.
1838. *Ebalia Pennantii* Costa, Faun. del Reg. di Napoli, Crost., t. V, f. 1-2.
1849. *Ebalia insignis* Lucas, Anim. articul. d'Alg., p. 24, pl. 2, f. 8.
1853. *Ebalia Pennantii* Bell, Brit. Stalk-Eyed Crust., p. 141.
1863. *Ebalia Pennantii* Heller, Crust. des Südl.-Europ., p. 128.
1868. *Ebalia tuberosa* Norman, Rep. on dredg. Shetland, p. 264.
1875. *Ebalia Pennantii* de Folin, Fonds de la mer, III, p. 210.
1881. *Ebalia Pennantii* Barrois, Crust. Podoph. de Concarn., p. 18.
1882. *Ebalia Pennantii* Delage, Arch. de zool., IX, p. 157.
1886. *Ebalia Pennantii* Kœhler, Faun. lit. des îles Anglo-N., p. 59.

Hab. Iles Anglo-Normandes, Roscoff, Concarneau, Le Croisic, Cap Breton.

C'est l'espèce d'*Ebalia* la plus commune des environs de Concarneau ; on la rencontre dans les mêmes conditions que l'espèce précédente.

34. **Ebalia tumefacta** Montagu.

1814. *Cancer tumefactus* Montagu, Trans. Linn. Soc. IX, p. 86, t. II, f. 3.
1815. *Ebalia Bryerii* Leach, Malac. Podop. Brit., t. XXV, f. 12-13.
1837. *Ebalia Brayerii* Milne-Edwards, Hist. nat. des Cr., II, p. 129.
1838. *Ebalia aspera* Costa, Faun. del Reg. di Napoli, Cr., t. V, f. 5.
1853. *Ebalia Bryerii* Bell, Brit. Stalk-Eyed Crust., p. 145.
1863. *Ebalia Bryerii* Heller, Crust. des Südl.-Europa, p. 124.
1868. *Ebalia tumefacta* Norman, Rep. on dredg. Shetland, p. 264.
1881. *Ebalia Bryerii* Delage, Arch. de zool., IX, p. 157.
1882. *Ebalia Bryerii* Barrois, Crust. de Concarn., p. 17.
1886. *Ebalia Bryerii* Kœhler, F. lit. des îles Anglo-Norm., p. 59.

Hab. Iles Anglo-Normandes, Roscoff, Concarneau, Le Croisic.

Plus rare que les deux autres espèces ; on la trouve aussi dans les mêmes conditions.

Gen. ATELECYCLUS Leach.

35. Atelecyclus rotundatus Olivi.

1792. *Cancer rotundatus* Olivi, Zool. Adriat., tab. 2, f. 2.
1825. *Atelecyclus cruentatus* Desmarest, Consid. sur les Cr., p. 89.
1826. *Atelecyclus omoidon* Risso, Hist. nat. de l'Europe Mérid., t. V, p. 18.
1829. *Atelecyclus cruentatus* Guérin, Iconog. Crust., pl. 2, f. 2.
1837. *Atelecyclus cruentatus* Milne-Edwards, Hist. nat. des Cr., II, p. 142.
1863. *Atelecyclus cruentatus* Heller, Crust. des Südl.-Europ., p. 132, t. IV, f. 5.
1872. *Atelecyclus cruentatus* Fisher, Cr. Podoph. de la Gir., p. 11.
1875. *Atelecyclus cruentatus* de Folin, Fonds de la mer, III, p. 210.
1882. *Atelecyclus cruentatus* Barrois, Crust. Podoph. de Concarneau, p. 18.
1884 *Atelecyclus cruentatus* Beltremieux, Faun. viv. de la Charente, p. 32.

Hab. Concarneau, Le Croisic, Charente, Gironde, Cap Breton.

Très fréquent dans le sable de la grande plage de l'île du Loch aux Glénans, ce crabe est rare dans toutes les autres plages sablonneuses des environs de Concarneau ; il devient beaucoup plus commun quand on descend vers le sud, à partir du Croisic.

36. Atelecyclus septemdentatus Montagu.

1804. *Cancer septemdentatus* Montagu, Trans. Linn. Soc. XI, pl. 1, f. 1.
1814 *Atelecyclus septemdentatus* Leach, Edimb. Enc. VII, p. 340.
1815. *Atelecyclus heterodon* Leach, Malac. Brit., p. 11.
1818. *Atelecyclus heterodon* Latreille, Encycl., p. 303, f. 1-2.
1825. *Atelecyclus septemdentatus* Desmarest, Consid. sur les Cr., p. 8, pl. 4, f. 1.
1837. *Atelecyclus heterodon* Milne-Edwards, Hist. nat. Cr. II, p. 143.
1853. *Atelecyclus heterodon* Bell, Brit. Stalk-Eyed Crust., p. 153.
1863. *Atelecyclus heterodon* Heller, Cr. des Südl.-Europ., p. 133.
1868. *Atelecyclus septemdentatus* Norman, Rep. on dredg. Shetland, p. 264.

1881. *Atelecyclus heterodon* DELAGE, Arch. de zool., IX, p. 157.
1882. *Atelecyclus heterodon* BARROIS, Cr. Podoph. de Conc., p. 18.

Hab. Roscoff, Concarneau, Le Croisic.

Il vit avec le précédent, mais il est beaucoup plus rare.

Gen. CORYSTES LATREILLE.

37. **Corystes cassivelaunus** PENNANT.

1777. *Cancer cassivelaunus* PENNANT, Brit. zool., IV, t. VII, f. 6.
1782. *Cancer personatus* HERBST, Versuch, etc., t. I, pl. 12, f. 73.
1798. *Albunea dentata* FABRICIUS, Suppl. Entom. syst., p. 398.
1802. *Corystes dentatus* LATREILLE, Hist. nat. Crust., VI, p. 122.
1814. *Corystes cassivelaunus* LEACH, Edimb. Encycl., VII, p. 395.
1815. *Corystes cassivelaunus* LEACH, Malac. Brit., t. I.
1818. *Corystes dentatus* LAMARCK, Anim. sans vert., t. V, p. 234.
1828. *Corystes dentatus* ROUX, Crust. de la Médit., pl. XIII.
1829. *Corystes personatus* GUÉRIN, Iconog. Crust., pl. 6, f. 3.
1832. *Corystes dentatus* BOUCHARD-CHANTEREAUX, Crust. du Boulonnais, p. 118.
1837. *Corystes dentatus* MILNE-EDWARDS, H. nat. des Cr., II, p. 148.
1838. *Corystes dentatus* COSTA, Faun. del Reg. di Napoli, Crust.
1853. *Corystes cassivelaunus* BELL, Brit. Stalk-Eyed Cr., p. 159.
1863. *Corystes dentatus* HELLER, Crust. des Südl.-Europ., p. 136, t. IV, f. 6.
1872. *Corystes dentatus* FISHER, Cr. Podoph. de la Gironde, p. 11.
1875. *Corystes dentatus* DE FOLIN, Fonds de la mer, III, p. 210.
1881. *Corystes cassivelaunus* DELAGE, Arch. de zool., IX, p. 157.
1882. *Corystes dentatus* BARROIS, Crust. de Concarneau, p. 18.
1884. *Corystes dentatus* BELTREMIEUX, Faun. viv. de la Char., p. 32.
1886. *Corystes cassivelaunus* KŒHLER, Faun. litt. des îles Anglo-Norm., p. 59.

Hab. Boulonnais, Le Hâvre (GADEAU DE KERVILLE), Iles Anglo-Normandes, Roscoff, Concarneau, Le Croisic, Charente, Gironde, Cap Breton.

Il n'est pas rare dans les plages de sable de l'île du Loch, aux Glénans, du Cap Cos (Baie de la Forest), de Loctudy, où on le prend aisément à marée basse. On le drague un peu partout où il y a du sable ; je l'ai ainsi capturé par une cinquantaine de mètres au-delà de la Basse-Rouge.

b. *Dromiacæ.*

Gen. DROMIA FABRICIUS.

38. **Dromia vulgaris** MILNE-EDWARDS.

1792. *Cancer Dromia* OLIVI, Zool. Adriat., p. 45.
1802. *Dromia Rumphii* (1) BOSC, Hist. des Crust., I, p. 229.
1818. *Dromia Rumphii* LAMARCK, H. des Anim. s. vert., t. V, p. 264.
1825. *Dromia Rumphii* DESMAREST, Consid. sur les Crust., p. 137.
1825. *Dromia Ægagrophila* BRÉBISSON, Cat. des Cr. du Calv., p. 15.
1826. *Dromia Rumphii* RISSO, Hist. nat. de l'Eur. mér., t. V, p. 32.
1832. *Dromia Rumphii* BOUCHARD-CHANTEREAUX, Crust. du Boulonnais, p. 121.
1837. *Dromia vulgaris* MILNE-EDWARDS, H. nat. des Cr., II, p. 173.
1838. *Dromia Rumphii* COSTA, Faun. del Reg. di Napoli.
1849. *Dromia vulgaris* LUCAS, Anim. articul. d'Algérie, p. 26.
1853. *Dromia vulgaris* BELL, Brit. Stalk-Eyed Crust. Suppl., p. 369.
1863. *Dromia vulgaris* HELLER, Crust. des Südl.-Europ., p. 145, pl. IV, f. 10-11.
1872. *Dromia vulgaris* FISHER, Crust. Podoph. de la Gironde, p. 11.
1882. *Dromia vulgaris* BARROIS, Crust. Podoph. de Concarn., p. 19.
1884. *Dromia communis* BELTREMIEUX, Faun. viv. de la Charente, p. 32.
1886. *Dromia vulgaris* KŒHLER. Faun, litt. des îles Anglo-Norm., p. 59.

Hab. Boulonnais, Calvados, îles Anglo-Normandes, Concarneau, Charente, Gironde.

Ce crabe, qui est assez rare à Concarneau, est d'ordinaire rapporté par les pêcheurs qui le prennent dans leurs casiers à homards sur les fonds de roches de 50 à 100 mètres, au large des îles Glénans.

---

(1) Le nom de *Rumphii* a été réservé par MILNE-EDWARDS à une Dromie des Indes Orientales (*Cancer lanosus*, RUMPH.)

2. Anomala.

a. Paguroidæ.

Gen. PAGURUS Fabricius.

Sub-gen. EUPAGURUS Brandt.

39. Eupagurus bernhardus Linné.

1766. *Cancer bernhardus* Linné, Syst. nat., p. 1049.
1777. *Astacus bernhardus* Pennant, Zool. Brit. IV, t. XVIII, p. 30.
1778. *Astacus bernhardus* de Geer, Mém. sur les insectes, t. VII, p. 405, pl. 23, f. 3-12.
1782. *Cancer bernhardus* Herbst, Versuch, etc., t. II, p. 14, t. 22, f. 6.
1798. *Pagurus bernhardus* Fabricius, Suppl., p. 411.
1802. *Pagurus bernhardus* Latreille, Hist. des Crust., t. VI, p. 16.
1815. *Pagurus streblonyx* Leach, Malac. Brit., t. XXVI, f. 1-4.
1818. *Pagurus bernhardus* Lamarck, Anim. s. vert., t. V, p. 220.
1825. *Pagurus bernhardus* Desmarest, Consid. sur les Cr., p. 173, pl. 30, f. 2.
1825. *Pagurus bernhardus* Brebisson, Cat. des Cr. du Calv., p. 16.
1832. *Pagurus bernhardus* Bouchard-Chantereaux, Crust. du Boulonnais, p. 124.
1837. *Pagurus bernhardus* Milne-Edwards, Hist. nat. des Crust., II, p. 215.
1848. *Pagurus bernhardus* Milne-Edwards, Ann. sc. nat., 3e sér., t. X, p. 59.
1851. *Eupagurus bernhardus* Brandt, Middend. Sibér. Reise, Zool., p. 105.
1852. *Pagurus streblonyx* Dana, Unit. Stat. Explor. Crust., t. II.
1853. *Pagurus bernhardus* Bell, Brit. Stalk Eyed Crust., p. 171.
1858. *Eupagurus bernhardus* Stimpson, Proced. of the Acad. of nat. sc. of Philadel., p. 237.
1863. *Pagurus bernhardus* Heller, Crust. des Südl.-Europ., p. 160.
1868. *Pagurus bernhardus* Norman, Rep. on dredg. Shetland, p. 264.
1872. *Pagurus bernhardus* Fisher, Cr. Podoph. de la Gironde, p. 13.
1875. *Pagurus bernhardus* de Folin, Fonds de la mer, III, p. 210.
1881. *Pagurus bernhardus* Delage, Arch. de zool., IX, p. 157.
1882. *Pagurus bernhardus* Barrois, Cr. Podoph. de Conc., p. 19.

1884. *Pagurus bernhardus* BELTREMIEUX, Faun. viv. de la Charente, p. 31.
1886. *Pagurus bernhardus* KŒHLER, Faun. litt. des îles Anglo-Norm., p. 59.

Hab. Toutes nos côtes.

Le Bernard l'Hermite se trouve communément depuis la zône de balancement des marées jusqu'à une vingtaine de brasses de profondeur.

Les plus petits exemplaires sont surtout pris à marée basse ; ils habitent des coquilles de petits Gastéropodes comme *Purpura lapillus, Littorina rudis, L. obtusata, Chœnopus pes pelicani, Nassa incrassata*, etc. Souvent ils sont infestés par *Peltogaster Paguri* RATHKE, *Phryxus Paguri* RATHKE ; souvent les coquilles qui les abritent sont couvertes et quelquefois absorbées par une éponge rouge, *Suberites domuncula* NARDO.

Les grands exemplaires, au contraire, sont d'une zône plus profonde ; ils habitent les grandes coquilles de *Buccinum undatum* recouvertes de *Sagartia parasitica* COUCH. Toujours dans ce cas on trouve à l'intérieur de la coquille une belle Annélide, *Nereilepas fucata* SAVIGNY.

40. **Eupagurus cuanensis** THOMPSON.

1843. *Pagurus cuanensis* THOMPSON, Rep. on the Fauna of Ireland (Rep. of Brit. Ass.), p. 267.
1853. *Pagurus cuanensis* BELL, Brit. Stalk-Eyed Crust., p. 178.
1868. *Pagurus cuanensis* NORMAN, Rep. on dredg. Shetland, p. 264.
1872. *Pagurus cuanensis* FISHER, Cr. Podoph. de la Gironde, p. 12.
1875. *Pagurus cuanensis* DE FOLIN, Fonds de la mer, III, p. 211.
1881. *Pagurus cuanensis ?* DELAGE, Arch. de zool., IX, p. 157.
1882. *Pagurus cuanensis* BARROIS, Cr. Podoph. de Concarn., p. 20.
1886. *Pagurus cuanensis* KŒHLER, Faun. litt. des îles Anglo-Norm., p. 59.

Hab. Iles Anglo-Normandes, Roscoff, Concarneau, Gironde, Cap Breton.

J'ai toujours dragué cette intéressante espèce entre 60

et 100 mètres sur les fonds de sable coquilliers au-delà de la Jument des Glénans et de la Basse-Rouge.

Toujours je l'ai trouvé dans des coquilles de *Murex erinaceus*, et de petite taille.

41. Eupagurus Hyndmanni Thompson.

1843. *Pagurus Hyndmanni* Thompson, Rep. on the Fauna of Ireland (Brit. Ass.), p. 267.
1853. *Pagurus Hyndmanni* Bell, Brit. Stalk Eyed Crust., p. 182.
1868. *Pagurus Hyndmanni* Norman, Rep. on dredg. Shetland, p. 264.
1872. *Pagurus Hyndmanni* Fisher, Cat. des Crust. Podoph. de la Gironde, p. 12.
1875. *Pagurus Hyndmanni* de Folin, Fonds de la mer, III, p. 210.
1881. *Pagurus Hyndmanni* Delage, Arch. de zool., IX, p. 157.
1882. *Pagurus Hyndmanni* Barrois, Crust. de Concarn., p. 20.
1886. *Pagurus Hyndmanni* Kœhler, Fau. litt. des îles Anglo-Norm., p. 59.

Hab. Boulonnais, Fécamp (Giard), Iles Anglo-Normandes, Roscoff, Concarneau, Le Croisic, Gironde, Cap Breton.

Ce petit Pagure se trouve moins profondément que le précédent ; il ne dépasse pas, à ma connaissance, une vingtaine de brasses ; je l'ai surtout rencontré dans le maërl à Guiriden, et en général sur tous les fonds de sable coquillier. Il vit dans les coquilles de *Nassa incrassata*, *Turitella terebra*, *Trophon muricatus*, quelquefois recouvertes de *Suberites domuncula* Nardo.

Le prof. Giard en a recueilli à marée basse à Fécamp un exemplaire dans *Nassa incrassata*. M. Betencourt m'a communiqué un exemplaire pris par lui à marée basse à Equihen (près Boulogne) et qui diffère du type par la brièveté des antennes internes.

42. Eupagurus lævis Thompson.

1843. *Pagurus lævis* Thompson, Rep. on the Fauna of Ireland (Brit. Assoc.), p. 267.
1853. *Pagurus lævis* Bell, Brit. Stalk Eyed Crust., p. 184.

1868. *Pagurus lævis* Norman, Rep. on dredg. Shetland, p. 264.
1872. *Pagurus lævis* Fisher, Crust. Podoph. de la Gironde, p. 12.
1875. *Pagurus lævis* de Folin, Fonds de la mer, III, p. 211.
1882. *Pagurus lævis* Barrois, Crust. Podoph. de Concarn., p. 20.

Hab. Concarneau, Le Croisic, Gironde, Cap Breton.

C'est le plus rare des *Pagurus* de Concarneau, je l'ai recueilli dans une coquille de *Purpura lapillus* dans le maërl de Guiriden, par 15 mètres et au-delà de la Jument par 80 mètres dans les coquilles de *Turitella terebra*, *Murex erinaceus* sur fond de sable coquillier.

43. **Eupagurus Prideauxii** Leach.

1815. *Pagurus Prideauxii* Leach, Malac. Brit., t. XXVI, f. 5-6.
1816. *Pagurus bernhardus* Risso, Crust. de Nice, p. 53.
1818. *Pagurus Prideauxii* Latreille, Encycl., pl. 309, f. 1.
1826. *Pagurus solitarius* Risso, Hist. nat. de l'Eur. mér., t. V, p. 40.
1828. *Pagurus solitarius* Roux, Crust. de la Médit., pl. 30.
1837. *Pagurus Prideauxii* Milne-Edwards, Hist. nat. des Crust., II, p. 216.
1838. *Pagurus bernhardus* Costa. Faun. del Reg. di Napoli, p. 3.
1849. *Pagurus Prideauxii* Lucas, Anim. articul. de l'Algérie, p. 28.
1853. *Pagurus Prideauxii* Bell, Brit. Stalk-Eyed Crust., p. 175.
1863. *Eupagurus Prideauxii* Heller, Crust. des Südl.-Europ., p. 161, t. V, f. 1-8.
1868. *Pagurus Prideauxii* Norman, Rep. on dredg. Shetland, p. 264.
1872. *Pagurus Prideauxii* Fisher, Cr. Podoph. de la Gironde, p. 12.
1875 *Pagurus Prideauxii* de Folin, Fonds de la mer, III, p. 210.
1881. *Pagurus Prideauxii* Delage, Arch. de zool., IX, p. 157.
1882. *Pagurus Prideauxii* Barrois, Cr. Podoph. de Concarn., p. 19.
1884. *Pagurus Prideauxii* Chevreux, Assoc. pour av. des sc., XIII, Blois, p. 316.
1886. *Eupagurus Prideauxii* Kœhler, Faun. litt. des îles Anglo Norm., p. 59.

Hab. St-Waast (Grube), Iles Anglo-Normandes, Roscoff, Concarneau, Belle-Ile (Chevreux), Gironde, Cap Breton.

Cette intéressante espèce est assez rare à Concarneau ; les grands exemplaires sont dragués au-delà de la Jument et de la Basse-Rouge à partir de 75 m. sur fonds de sable coquillier; les plus petits se trouvent à une profondeur moindre (35 à 40 m.) dans les fonds à *Amphioxus* (non loin de l'île aux Moutons). Ils habitent les petites coquilles de *Natica*, de *Nassa*, de *Trochus*; tous les exemplaires que j'ai vu étaient associés avec leur commensale ordinaire *Adamsia palliata* JOHNSON. Les grands exemplaires seuls avaient à l'intérieur de leur coquille *Nereilepas fucata*.

A propos des relations qui existent entre ces êtres si différents, il faut lire la très intéressante note de M. E. CHEVREUX sur le *P. Prideauxii* et ses commensaux, dans les Comptes-Rendus de l'Association pour l'avancement des Sciences (Congrès de Blois, 1884, p. 316).

Sub gen. CLIBANARIUS DANA.

44. **Clibanarius misanthropus** RISSO.

1766. *Cancer tubularis* LINNÉ, Syst. nat., Edit. XIII, p. 2983.
1798. *Cancer tubularis* FABRICIUS, Suppl. ent. syst., p. 413, n° 11.
1816. *Pagurus tubularis* RISSO, Crust. de Nice, p. 56.
1826. *Pagurus misanthropus* RISSO, Hist. nat. de l'Europ. mérid., t. V, p. 41.
1828. *Pagurus misanthropus* ROUX, Cr. de la Médit., pl. 14, f. 1.
1837. *Pagurus oculatus* MILNE-EDWARDS, Hist. nat. des Crust., II, p. 227.
1837. *Pagurus misanthropus* MILNE-EDWARDS, Hist. nat. des Cr., II, p. 228.
1849. *Pagurus nigritarsis* LUCAS, Anim. articul. de l'Algérie, I, p. 30, pl. 3, f. 4.
1863. *Clibanarius misanthropus* HELLER, Crust. des Südl.-Europ., p. 177, t. V, f. 16-18.
1872. *Pagurus misanthropus* FISHER, Cr. Podoph. de la Gironde, p. 13.
1882. *Pagurus misanthropus* BARROIS, Cr. Podoph. de Conc., p. 21.
1884. *Pagurus oculatus* BELTREMIEUX, Faun. viv. de la Char., p. 31.

Hab. Concarneau, Le Croisic, Noirmoutiers (MILNE EDWARDS), Charente, Gironde.

C'est le plus commun de tous les Pagures de Concarneau; il vit en bandes considérables sur les côtes rocheuses, dans toutes les petites coquilles de gastéropodes comme *Purpura lapillus*, *Nassa incrussata*, *Littorina rudis*, *L. littorea*, *L. obtusata* (et non dans *L. neritoïdes* comme l'a indiqué BARROIS).

Bien que j'en ai examiné un très grand nombre, je n'ai jamais trouvé de parasite sur cette espèce.

b. Galatheidæ.

Gen. PORCELLANA LAMARCK.

45. **Porcellana longicornis** PENNANT.

1777. *Cancer longicornis* PENNANT, Brit. zool., t. IV, pl. I, f. 3.
1782. *Cancer longicornis* HERBST, Versuch, etc., t. II, t. 47, f. 3.
1792. *Cancer longicornis* OLIVI, Zool. Adriat., p. 44.
1815. *Pisidia Linneana* LEACH, Dict. sc. nat., XVIII, p. 54.
1818. *Cancer longicornis* LATREILLE, Encycl., pl. 275, f. 3.
1818. *Porcellana longicornis* LAMARCK, Anim. s. vert., t. V, p. 230.
1825. *Porcellana longicornis* DESMAREST, Cons. sur les Cr., p. 198.
1825. *Porcellana longicornis* BREBISSON, Cat. des Cr. du Calv., p. 17.
1826. *Porcellana longimana* RISSO, Hist. nat. de l'Europ. mérid., t. V, p. 50.
1832. *Pisidia longicornis* BOUCHARD-CHANTEREAUX, Crust. du Boulonnais, p. 125.
1837. *Porcellana longicornis* MILNE-EDWARDS, Hist. nat. des Cr., II, p. 257.
1849. *Porcellana longicornis* LUCAS, Anim. artic. d'Algérie, p. 34.
1850. *Porcellana Leachii* GRAY, Zool. Miscell.
1853. *Porcellana longicornis* BELL, Brit. Stalk-Eyed Crust., p. 193.
1863. *Porcellana longicornis* HELLER, Cr. des Südl.-Europ., p. 186.
1868. *Porcellana longicornis* NORMAN, Rep. on dredg. Shetland, p. 264.
1872. *Porcellana bicuspidata* FISHER, Fonds de la mer, t. II, p. 46.
1872. *Porcellana longicornis* FISHER, Cr. Pod. de la Gironde, p. 14.
1875. *Porcellana longicornis* DE FOLIN, Fonds de la mer, III, p. 211.
1881. *Porcellana longicornis* DELAGE, Arch. de zool., IX, p. 157.
1882. *Porcellana longicornis* BARROIS, Cr. Pod. de Concarn., p. 21.
1884. *Porcellana longicornis* BELTREMIEUX, Faun. viv. de la Charente, p. 32.

1886. *Porcellana longicornis* KŒHLER, Faun. litt. des îles Anglo-Norm., p. 59.

Hab. Toutes nos côtes.

Ce petit crabe est très commun à marée basse sous les pierres et se drague jusque vers 100 mètres. Il est surtout fréquent dans les fonds à *Spongites coralloïdes*.

Sur un exemplaire dragué baie de la Forest, nous avons trouvé, M. GIARD et moi, une nouvelle espèce de Bopyrien, *Entoniscus Mülleri*.

46. **Porcellana platycheles** PENNANT.

1777. *Cancer platycheles* PENNANT, Brit. zool., t. IV, pl. 6, f. 12.
1782. *Cancer platycheles* HERBST, tab. II, f. 26.
1802. *Porcellana platycheles* LATREILLE, Hist. des Cr., t. VI, f. 75.
1818. *Porcellana platycheles* LAMARCK, Anim. s. vert., t. V, p. 230.
1825. *Porcellana platycheles* BREBISSON, Crust. du Calvados, p. 17.
1826. *Porcellana platycheles* RISSO, Hist. nat. de l'Europ. mérid., t. V, p. 50.
1832. *Porcellana platycheles* BOUCHARD CHANTEREAUX, Cr. du Boulonnais, p. 125.
1837. *Porcellana platycheles* MILNE-EDWARDS, Hist. nat. des Cr., II, p. 255.
1849. *Porcellana platycheles* LUCAS, Anim. art. de l'Algérie, p. 34.
1853. *Porcellana platycheles* BELL, Brit. Stalk Eyed Crust, p. 190.
1863. *Porcellana platycheles* HELLER, Cr. des Südl.-Europ., p. 185, t. V, f. 19-21.
1868. *Porcellana platycheles* NORMAN, Rep. on dr. Shetland, p. 264.
1872. *Porcellana platycheles* FISHER, Cr. Pod. de la Gironde, p. 14.
1875. *Porcellana platycheles* DE FOLIN, Fonds de la mer, III, p. 211.
1881. *Porcellana platycheles* DELAGE, Arch. de zool., IX, p. 157.
1882. *Porcellana platycheles* BARROIS, Cr. Pod. de Concarn., p. 21.
1884. *Porcellana platycheles* BELTREMIEUX, Faun. viv. de la Charente, p. 32.
1886. *Porcellana platycheles* KŒHLER, Faun. litt. des îles Anglo-Norm., p. 59.

Hab. Toutes nos côtes océaniques.

Ce petit crabe littoral se trouve uniquement à la côte sous les pierres et dans les endroits vaseux. Il est très commun et jusqu'ici ne nous a donné aucun parasite.

Gen. GALATHEA Fabricius.

47. Galathea Giardii Th. Barrois.

1882. *Galathea Giardii* Barrois, Cat. des Crust. Podoph. de Concarneau, p. 22.

Hab. Concarneau.

Cette petite *Galathea* est assez commune dans les fonds à *Spongites coralloïdes* par 10 à 20 m. en face des Glénans et je l'ai retrouvée par 80 mètres sur les fonds à Dendrophyllies, dans le sable coquillier, au-delà de la Jument.

Comme les petites *G. strigosa* que l'on prend dans les mêmes conditions, sa couleur est d'un beau rouge ponctué de tâches d'un bleu très vif.

A propos de *Galathea nexa*, le professeur Marion, (*Considérations sur les faunes profondes de la Méditerranée*, in Ann. du Mus. d'Hist. nat. de Marseille, T. I, 2e Mém., p. 17, 1883), a fait remarquer que *G. Giardii* ne pouvait rester dans la section où l'avait placée Th. Barrois. Le savant professeur de Marseille croit, avec raison, qu'il y a eu erreur dans la planche VI et dans le texte de l'ouvrage d'Heller (Die Crustaceen des Südlichen Europa).

Si l'on examine les dessins beaucoup plus précis, comme j'ai pu le constater sur nature pour *G. squamifera* et *G. Strigosa*, de Kinahan (On the Britannic Species of Crangon and Galathea, Dublin, 1862), on voit facilement qu'il faut rectifier ainsi les fig. 2, 3 et 4 de la planche VI de Heller : 5 représente la patte mâchoire externe de *G. nexa* (et non de *strigosa*) ; 3, de *G. squamifera* (et non de *nexa*), 4, de *G. strigosa* (et non de *squamifera*.

Comme le fait remarquer le professeur Marion, la figure de patte mâchoire externe de *G. squamifera* représentée dans le même travail par Th. Barrois est inexacte et « ne correspond nullement au membre des animaux méditerranéens de cette espèce, membre qui au contraire ressemble davantage à la patte mâchoire de l'espèce que le jeune naturaliste de Lille appelle *G. Giardii.* »

On doit donc, provisoirement du moins, diviser les Galathées de nos côtes en deux sections :

La première caractérisée parce que le quatrième article (*meropodite*) de la patte mâchoire externe est plus court que le troisième (*ischiopodite*).

La seconde caractérisée parce que le quatrième est plus long que le troisième.

Dans la première section se trouveront *Galathea nexa* et *G. strigosa*, dans la seconde *G. squamifera* et *G. Giardii.*

48. **Galathea squamifera** Leach.

1814. *Galathea Fabricii* Leach, Encycl. Brit. Suppl., tab. XXI.
1815. *Galathea squamifera* Leach, Malac. Brit., t. XXVIII.
1818. *Galathea squamifera* Latreille, Encycl., pl. 321, f. 1-8.
1825. *Galathea squamifera* Brebisson, Cat. des Cr. du Calv., p. 18.
1826. *Galathea glabra* Risso, Hist. nat. de l'Europ. mér., t. V, f. 47.
1837. *Galathea squamifera* Milne-Edwards, His. nat. des Crust., II, p. 275.
1853. *Galathea squamifera* Bell, Brit. Stalk Eyed Crust.
1862. *Galathea squamifera* Kinahan. Sp. of Crangon and Galathea, p. 89, pl. XI.
1863. *Galathea squamifera* Heller, Cr. des Südl.-Europ., p. 190, taf. VI.
1868. *Galathea squamifera* Norman, Rep. on dr. Shetland, p. 264.
1872. *Galathea squamifera* Fisher, Cr. Pod. de la Gironde, p. 15.
1875. *Galathea squamifera* de Folin, Fonds de la mer, III, p. 211.
1881. *Galathea squamifera* Delage, Arch. de zool., IX, p. 157.
1882. *Galathea squamifera* Barrois, Cat. des Crust. Podoph. de Concarneau, p. 22.
1884. *Galathea squamifera* Beltremieux, Faun. viv. de la Charente-Inf., p. 31.
1886. *Galathea squamifera* Kœhler, Faun. litt. des îles Anglo-Norm., p. 59.

Hab. Wimereux, Fécamp (Giard), Calvados, Iles Anglo-

Normandes, Roscoff, Concarneau, le Croisic, Charente-Inférieure, Gironde, Cap Breton.

Cette espèce est presque toujours beaucoup plus rare que la suivante (sauf dans la Manche). Les grands exemplaires, qui se tiennent dans les grands fonds, sont très rares, les jeunes sont assez souvent pris à marée basse.

Elle est souvent infestée par un Bopyrien, *Pleurocrypta galatheæ* HESSE.

49. Galathea strigosa LINNÉ.

1766. *Cancer strigosus* LINNÉ, Syst. nat. Edit. XII, p. 1053.
1777. *Astacus strigosus* PENNANT, Brit. zool., t. I, pl. 14, f. 26.
1782. *Cancer strigosus* HERBST, Versuch, II, p. 50, t. 26, f. 2.
1798. *Galathea strigosa* FABRICIUS, Suppl., p. 414.
1802. *Galathea strigosa* LATREILLE, Hist. nat. des Cr., t. VI, p. 198.
1814. *Galathea strigosa* LEACH, Edimb. Encycl., VI, p. 398.
1815. *Galathea spinigera* LEACH, Malac. Pod. Brit., pl. 28. B.
1818. *Galathea strigosa* LAMARCK, Hist. d. Anim. s. vert., t. V, p. 214.
1825. *Galathea strigosa* BRÉBISSON, Cat. des Cr. du Calv., p. 18.
1826. *Galathea strigosa* RISSO, Hist. nat. de l'Europ. mér., V, p. 47.
1828. *Galathea strigosa* ROUX, Crust. de la Méditer., p. 19.
1832. *Galathea strigosa* BOUCHARD, Crust. du Boulonnais, p. 124.
1837. *Galathea strigosa* MILNE-EDWARDS, Hist. nat. des Cr., t. II, p. 327.
1849. *Galathea strigosa* LUCAS, Anim. artic. de l'Algérie, p. 25.
1853. *Galathea strigosa* BELL, Brit. Stalk Eyed Crust., p. 200.
1862. *Galathea stugosa* KINAHAN, Brit. spec. of Crangon and Galath., p. 106, pl. XV.
1863. *Galathea strigosa* HELLER, Crust. des Südl.-Europ., p. 189, taf. VI.
1868. *Galathea strigosa* NORMAN, Rep. on dredg. Shetland, p. 204.
1872. *Galathea strigosa* FISHER, Cr. Podoph. de la Gironde, p. 14.
1875. *Galathea strigosa* DE FOLIN, Fonds de la mer, III, p. 211.
1881. *Galathea strigosa* DELAGE, Arch. de zool., IX, p. 157.
1882. *Galathea strigosa* BARROIS, Cr. Podoph. de Concarn., p. 22.
1884. *Galathea strigosa* BELTREMIEUX, Faun. viv. de la Charente-Inf., p. 31.
1886. *Galathea strigosa* KŒHLER, F. litt. des îles Ang.-Norm., p. 59.

Hab. Calvados, Iles Anglo-Normandes, Saint-Malo

(GRUBE), Roscoff, Concarneau, Le Croisic, Charente, Gironde, Cap Breton.

C'est de beaucoup la plus commune des Galathées de nos côtes; on la rencontre à marée basse, où l'on ne trouve que de petits individus dans les laisses de basse-mer et dans les grands-fonds où se trouvent les grands exemplaires. Ces derniers sont toujours très brillamment pigmentés de tâches bleues sur fond rouge vif, tandis que ceux de la zône de balancement des marées sont d'un brun tirant sur le vert foncé.

Gen. MUNIDA LEACH.

50. **Munida Bamffia** PENNANT.

1777. *Astacus Bamfficus* PENNANT, Brit. zool., t. IV, pl. 13, f. 25.
1782. *Cancer Bamfficus* HERBST, Versuch, etc., II, t. XXVII, f. 3.
1798. *Galathea rugosa* FABRICIUS, Suppl., p. 145, 2.
1802. *Galathea rugosa* LATREILLE, Hist. nat. des Cr., t. VI, p. 198.
1808. *Galathea longipeda* LAMARCK, Syst. des anim. s. vert., p. 158.
1814. *Galathea Bamffia* LEACH, Edimb. Encycl., t. VII, p. 398.
1815. *Munida rugosa* LEACH, Malac. Pod. Brit., tab. 29.
1818. *Galathea rugosa* LAMARCK, Hist. des anim. s. vert., t. V, p. 214.
1826. *Galathea rugosa* RISSO, Hist. nat. de l'Europ. mér., t. V, p. 46.
1837. *Galathea rugosa* MILNE-EDWARDS, Hist. nat. Cr., t. II, p. 274.
1853. *Munida Rondeletii* BELL, Hist. Stalk Eyed Cr., p. 208.
1863. *Munida rugosa* HELLER, Cr. des Südl.-Eur., p. 192, t. VII, f. 5-6.
1868. *Munida Bamffia* NORMAN, Rep. on dredg. Shetland, p. 265.

Hab. Concarneau.

Ce Crustacé est très rare à Concarneau ; les seuls exemplaires que j'ai vu avaient été apportés au laboratoire par des pêcheurs qui les avaient capturés dans des casiers à homards mouillés au-delà des Glénans par 80 m.

M. FISHER dit avoir trouvé, avec des *Galathea squamifera* dragués à de grandes profondeurs, des débris de cette espèce.

3. — Thalassinidæ.

Gen. CALLIANASSA LEACH.

51. **Callianassa subterranea** MONTAGU.

1792. *Cancer candidus* OLIVI, Zool. Adriat., t. 3, f. 3.
1808. *Cancer subterraneus* MONTAGU, Trans. Linn. Soc. IX, t. III, f. 1-2, p. 89.
1814. *Callianassa subterranea* LEACH, Edimb. Encycl. VII, p. 400.
1815. *Callianassa subterranea* LEACH, Malac. Pod. Brit., pl. 32.
1837. *Callianassa subterranea* MILNE-EDWARDS, Hist. nat. des Cr., t. II, p. 309.
1838. *Callianassa subterranea* COSTA, Faun. del reg. di Napoli, p. 7.
1849. *Callianassa subterranea* LUCAS, Anim. art. d'Algérie, p. 37.
1853. *Callianassa subterranea* BELL, Brit. Stalk-Eyed Cr., p. 217.
1863. *Callianassa subterranea* HELLER, Crust. des Südl.-Europ., p. 202, t. VI, f. 9-11.
1872. *Callianassa subterranea* FISHER, Cr. Pod. de la Gironde, p. 15.
1875. *Callianassa subterranea* DE FOLIN, Fonds de la mer, III, p. 211.
1878. *Callianassa subterranea* GIARD, Bull. sc. du Nord, t. X, p. 15.
1881. *Callianassa subterranea* DELAGE, Arch. de zool., t. IX, p. 157.
1882. *Callianassa subterranea* BARROIS, Cr. Pod. de Conc., p. 24.
1884. *Callianassa subterranea* BELTREMIEUX, Faun. viv. de la Charente, p. 31.
1886. *Callianassa subterranea* KŒHLER, Faun. litt. des îles Anglo-Norm., p. 59.

Hab. Boulonnais, îles Anglo-Normandes, St-Malo (GRUBE), Roscoff, Concarneau, le Croisic, Charente, Gironde, Cap Breton.

La Callianasse n'est pas rare à Concarneau; elle creuse ses galeries dans le sable fin des plages de l'île de Loch, aux Glénans, de Loctudy, du cap Coz dans la Baie de la Forest, et dans le sable vaseux de Porzou, de la Baie de la Forest.

Assez souvent elle est infestée par un Bopyrien, *Ione thoracica* MONTAGU.

Je l'ai trouvé aussi en très grande abondance à la presqu'île Quiberon, sur la grande plage de sable qui s'étend au pied du fort Penthièvre.

Gen. GEBIA Leach.

52. **Gebia stellata** Montagu.

1804. *Cancer astacus stellatus* Montagu, Trans. Lin. Soc. IX, t. III, f. 5, p. 89.
1814. *Gebia stellata* Leach, Edimb. Encycl., XI, p. 400.
1815. *Gebia stellata* Leach, Malac. Pod. Brit., t. XXXI, f. 1-8.
1815. *Gebia deltura* Leach, Malac. Pod. Brit., t. XXXI, f. 3-10.
1816. *Thalassina littoralis* Risso. Cr. de Nice, p. 76, t. 3, f. 2.
1818. *Gebia affinis ?* Say. Journ. of the Acad. of Phil., vol. 1, p. 241.
1825. *Gebia littoralis* Desmarest, Consid. sur les Crust., p. 234.
1826. *Gebios littoralis* Risso, Hist. nat. de l'Europ. mér., t. V, p. 51.
1832. *Gebia deltura ?* Bouchard-Chantereaux, Crust. du Boulonnais, p. 126.
1837. *Gebia stellata* Milne-Edwards, Hist. nat. des Cr., II, p. 313.
1837. *Gebia littoralis* Milne-Edwards, Hist. n. des Cr., II, p. 313.
1837. *Gebia deltura* Milne-Edwards, Hist. nat. des Cr., II, p. 314.
1847. *Gebia Venetiarum* Nardo, Prospetto della fauna del Veneto estuario.
1848. *Gebia lacustris* Costa, Faun. del reg. di Napoli, p. 3, t. I, f. 1.
1849. *Gebia littoralis* Lucas, Anim. articul. d'Algérie, p. 37.
1853. *Gebiv stellata* Bell, Brit. Stalk-Eyed Crust., p. 223.
1853. *Gebia deltura* Bell, Brit. Stalk-Eyed Crust., p. 225.
1863. *Gebia littoralis* Heller, Crust. des Südl.-Europ., p. 205, t. V, f. 12-15.
1872. *Gebia littoralis* Fisher, Cr. Podoph. de la Gironde, p. 15.
1875. *Gebia littoralis* de Folin, Fonds de la mer, III, p. 211.
1881. *Gebia deltura* Delage, Arch. de zool., IX, p. 157.
1882. *Gebia deltura* Barrois, Cr. Podoph. de Concarneau, p. 25.
1886. *Gebia deltura* Kœhler, Faun. litt. des îles Ang.-Norm., p. 59.

Hab. Boulonnais ? (Bouchard). Iles Anglo-Normandes, Roscoff, Concarneau, Le Croisic, Gironde, Cap Breton.

La *Gebia* habite les mêmes endroits que la *Callianassa*. Je n'ai jamais pu trouver cette espèce dans le Boulonnais où Bouchard l'indique ; comme il ne signale pas la *Callianassa* qui y est commune, il y a tout lieu de croire qu'il y a eu erreur de détermination entre les deux genres voisins.

Gebia stellata Leach représentée dans *British Stalk Eyed Crustacea* de Bell est le mâle, tandis que *G. del-*

tura LEACH représente la femelle comme l'auteur anglais l'avait déjà supposé. Quant à l'espèce méditerranéenne de RISSO, *G. littoralis*, elle ne se différencie aucunement de l'espèce des mers du Nord, comme j'ai pu m'en assurer sur des exemplaires provenant de Naples.

4. Loricata.

Gen. PALINURUS FABRICIUS.

53 **Palinurus vulgaris** LATREILLE.

1777. *Cancer homarus* PENNANT, Brit. zool. IV, t. XI, f. 22, p. 16.
1798. *Astacus elephas* FABRICIUS, Suppl. Entom. syst., p. 401.
1802. *Palinurus quadricornis* LATREILLE, Hist. des Crust., t. VI, p. 193, p. 52, f. 3.
1804. *Palinurus vulgaris* LATREILLE, Ann. du Musœum, t. III, p. 391.
1814. *Palinurus homarus* LEACH, Edimb. Encycl., VII, p. 397.
1815. *Palinurus vulgaris* LEACH, Malac. Pod. Brit., pl. 30.
1816. *Palinurus vulgaris* RISSO, Crust. de Nice, p. 64.
1818. *Palinurus vulgaris* LAMARCK, Anim. s. vert., t. V, p. 209.
1825. *Palinurus vulgaris* BREBISSON, Crust. du Calvados, p. 19.
1826. *Palinurus vulgaris* RISSO, Hist. de l'Eur. mérid., t. V, p. 45.
1837. *Palinurus vulgaris* MILNE-EDWARDS, Hist. nat. des Crust., II, p. 292.
1853. *Palinurus vulgaris* BELL, Brit. Stalk-Eyed Crust., p. 213.
1863. *Palinurus vulgaris* HELLER, Crust. des Südl.-Europ., p. 199, t. VI, f. 8.
1872. *Palinurus vulgaris* FISHER, Cr. Podoph. de la Gironde, p. 15.
1875. *Palinurus vulgaris* DE FOLIN, Fonds de la mer, III, p. 211.
1881. *Palinurus vulgaris* DELAGE, Arch. de zool., t. IX, p. 157.
1882. *Palinurus vulgaris* BARROIS, Cr. Pod. de Concarneau, p. 24.
1884. *Palinurus vulgaris* BELTREMIEUX, Faun. viv. de la Char., p. 31
1886. *Palinurus vulgaris* KŒHLER, F. litt. des îles Ang.-N., p. 59.

Hab. sur toutes nos côtes méridionales jusqu'au Calvados.

La Langouste est très commune sur toutes nos côtes rocheuses méridionales et de Bretagne ; le point le plus septentrional où elle est signalée à ma connaissance est le Calvados, où, d'après BREBISSON, elle est très rarement pêchée. Elle manque totalement dans le Nord.

A Concarneau elle est devenue très rare dans les petites profondeurs, elle se prend maintenant dans les fonds de 80 à 100 mètres.

Gen. SCYLLARUS Fabricius.

54. **Scyllarus arctus** Linné.

1766. *Cancer arctus* Linné, Syst. nat. Edit. XII, p. 1053.
1782. *Cancer arctus minor* Herbst, Versuch, etc., t. II, p. 83, t. 30, f. 2.
1787. *Cancer arctus* Römer, Gen. insect., tab. 32, f. 3.
1798. *Scyllarus arctus* Fabricius, Suppl. Entom. Syst., p. 399.
1802. *Scyllarus arctus* Latreille, Hist. nat. des Cr., t. VI, p. 181.
1818. *Scyllarus arctus* Lamarck, Hist. anim. s. vert., t. V, p. 212.
1826. *Scyllarus arctus* Risso, Hist. nat. de l'Eur. mér., t. V, p. 43.
1828. *Scyllarus arctus* Roux, Crust. de la Médit., pl. II.
1837. *Scyllarus arctus* Milne-Edwards, H. nat. des Cr., II, p. 282.
1838 *Scyllarus arctus* Costa, Faun. del reg. di Napoli-Crust.
1849. *Scyllarus arctus* Lucas, Anim. articul. de l'Algérie, p. 35.
1861. *Scyllarus arctus* Sp. Bate, List of the Brit. mar. Invert. Fauna.
1863. *Scyllarus arctus* Heller, Crust. des Südl.-Europ., p. 195, t. VI, f. 7.
1872. *Scyllarus arctus* Fisher, Cr. Podoph. de la Gironde, p. 15.
1875. *Scyllarus arctus* de Folin, Fonds de la mer, III, p. 211.
1881 *Scyllarus arctus* Delage, Arch. de zool., IX, p. 157.
1882. *Scyllarus arctus* Barrois, Cr. Podoph. de Concarneau, p. 23.
1884. *Scyllarus arctus* Beltremieux, Faun. viv. de la Char., p. 31.
1886. *Scyllarus arctus* Kœhler, Faun. litt. des îles Ang.-Norm., 59.

Hab. Iles Anglo-Normandes, Roscoff, Concarneau, Charente, Gironde, Cap Breton.

Comme l'espèce précédente, ce Crustacé habite les grands fonds et est surtout capturé dans les casiers à homards.

5. Homaridæ.

Gen. HOMARUS Milne-Edwards.

55. **Homarus vulgaris** Milne-Edwards.

1761. *Cancer gammarus* Linné, Faun. sueci., p. 2033.
1777. *Astacus marinus* Pennant, Brit. zool., t. IV, pl. 10, f. 21.

1782. *Cancer gammarus* Herbst, t. II, p. 42, t. 25.
1798. *Astacus marinus* Fabricius, Suppl. Entom. syst., p. 406.
1802. *Astacus marinus* Latreille, Hist. nat. des Crust., p. 233.
1818. *Astacus marinus* Lamarck, Hist. anim. s. vert., t. V, p. 216.
1825. *Astacus marinus* Desmarest, Consid. sur les Crust., p. 211, pl. 41, f. 1.
1825. *Astacus marinus* Brebisson, Crust. du Calvados, p. 20.
1826. *Astacus marinus* Risso, Hist. nat. de l'Europ. mérid., p. 55.
1832. *Astacus marinus* Bouchard-Chantereaux, Crust. du Boulonnais, p. 126.
1837. *Homarus vulgaris* Milne-Edwards, Hist. nat. des Crust., t. II, p. 334.
1849. *Homarus vulgaris* Lucas, Anim. articul. d'Algérie, p. 38.
1853. *Homarus vulgaris* Bell, Brit. Stalk-Eyed Crust., p. 242.
1863. *Homarus vulgaris* Heller, Crust. des Südl.-Europ., p. 219.
1868. *Homarus gammarus* Norman, Rep. on dr. Shetland, p. 265.
1872. *Homarus vulgaris* Fisher, Cr. Podoph. de la Gironde, p. 16.
1875. *Homarus vulgaris* de Folin, Fonds de la mer, III, p. 211.
1881. *Homarus vulgaris* Delage, Arch. de zool., t. IX, p. 157.
1882. *Homarus vulgaris* Barrois, Cr. Pod. de Concarneau, p. 25.
1884. *Homarus vulgaris* Beltremieux, Faun. viv. de la Char., p. 31.
1886. *Homarus vulgaris* Kœhler, Faun. litt. des îles Ang.-N., p. 59.

Hab. Toutes nos côtes rocheuses.

Le Homard est devenu beaucoup plus rare sur nos côtes depuis la chasse acharnée qui lui a été faite ; il est très rare maintenant d'en prendre à marée basse et il faut mouiller les casiers au large, entre 60 et 80 mètres.

Gen. NEPHROPS Leach.

56. **Nephrops norvegicus** Linné.

1761. *Cancer norvegicus* Linné, Faun. sueci., p. 2039.
1766. *Cancer norvegicus* Linné, Syst. nat. Edit. XII, p. 1058.
1777. *Astacus norvegicus* Pennant, Brit. zool. IV, t. XIII, f. 1, p. 23.
1782. *Cancer norvegicus* Herbst, II, t. XXVI, f. 3.
1795. *Astacus norvegicus* Fabricius, Syst. Entom., p. 418.
1802. *Astacus norvegicus* Latreille, Hist. des Cr., t. VI, p. 241.
1814. *Nephrops norvegicus* Leach, Edimb. Encycl., VII, p. 400.
1815. *Nephrops norvegicus* Leach, Malac. Pod. Brit., pl. 36.
1826. *Nephrops norvegicus* Risso, Hist. nat. de l'Europ. mérid., t. V, p. 56.

1837. *Nephrops norvegicus* Milne-Edwards, Hist. nat. des Crust., II, p. 336.
1853. *Nephrops norvegicus* Bell, Brit. Stalk-Eyed Crust., p. 251.
1863. *Nephrops norvegicus* Heller, Cr. des Südl.-Europ., p. 220.
1872. *Nephrops norvegicus* Fisher, Cr. Pod. de la Gironde, p. 16.
1882. *Nephrops norvegicus* Barrois, Cr. Pod. de Concarn., p. 25.
1884. *Nephrops norvegicus* Beltremieux, Faun. viv. de la Charente-Inf., p. 31.

Hab. Concarneau, Le Croisic, Charente, Golfe de Gascogne.

Ce beau Crustacé n'est pas rare à Concarneau, où les pêcheurs de homards le prennent assez fréquemment dans leurs casiers, dans les fonds rocheux de 50 à 100 mètres.

II. NATANTIA.

Eucyphotes.

Gen. CRANGON Fabricius.

57. **Crangon fasciatus** Risso.

1816. *Crangon fasciatus* Risso, Crust. de Nice, p. 82, pl. 3, f. 5.
1826. *Crangon fasciatus* Risso, Hist. nat. de l'Eur. mér., t. V, p. 64.
1828. *Crangon fasciatus* Roux, Mémoire sur les salicoques, p. 32.
1837. *Crangon fasciatus* Milne-Edwards, Hist. nat. des Crust., II, p. 342.
1849. *Crangon fasciatus* Lucas, Anim. articul. de l'Algérie, p. 38.
1853. *Crangon fasciatus* Bell, Brit. Stalk-Eyed Crust., p. 259.
1862. *Ægeon fasciatus* Kinahan, Brit. spec. of Crang. Galath., p. 76, pl. VIII.
1868. *Crangon fasciatus* Norman, Rep. on dredg. Shetland, p. 265.
1872. *Crangon fasciatus* Fisher, Cr. Pod. de la Gironde, p. 17.
1875. *Crangon fasciatus* de Folin, Fonds de la mer, III, p. 211.
1886. *Crangon fasciatus* Giard, Bull. scientif. du Nord, 2e série, vol. IX, p. 281.
1886. *Crangon fasciatus* Kœhler, F. litt. des îles Anglo-N., p. 60.
1887. *Crangon fasciatus* Norman, Ann. a. Mag. nat. Hist. vol. XIX, n° CX, Fév.

Hab. Wimereux, Iles Anglo-Normandes, Concarneau, le Croisic, Bassin d'Arcachon, Cap Breton.

Cette espèce est assez rare à Concarneau ; on la drague sur les fonds de sable par une dizaine de mètres.

58. **Crangon sculptus** Bell.

1853. *Crangon sculptus* Bell, Brit. Stalk-Eyed Crust., p. 263.
1862. *Ægeon sculptus* Kinahan, Brit. spec. of Crang. and Galath., p. 78, p. IX.
1867. *Crangon sculptus* White, Pop. Brit. Crust., p. 109.
1882. *Crangon sculptus* Barrois, Cr. Pod. de Concarneau, p. 26.
1886. *Crangon sculptus* Kœhler, Faun. litt. des îles Anglo-N., p. 60.

Hab. Iles Anglo-Normandes, Concarneau.

Cette rare espèce se drague par quelques mètres sur les fonds de sable à l'embouchure de la baie de Saint-Laurent et dans le chenal entre le Loch et l'île Cigogne aux Glénans.

59. **Crangon trispinosus** Hailstone.

1835. *Pontophilus trispinosus* Hailstone, Mag. of nat. Hist. VIII, p. 261, p. 25.
1853. *Crangon trispinosus* Bell, Brit. Stalk-Eyed Crust., p. 265.
1862. *Cheraphilus trispinosus* Kinahan, Brit. spec. of Crang. and Galath., p. 69, pl. V.
1867. *Crangon trispinosus* White, Popul. Brit. Crust., p. 110.
1868. *Crangon trispinosus* Norman, Rep. on dr. Shetland, p. 265.
1872. *Crangon trispinosus* Fisher, Cr. Pod. de la Gironde, p. 17.
1875. *Crangon trispinosus* de Folin, Fonds de la mer, III, p. 211.
1886. *Crangon trispinosus* Giard, Bull. scientif. du Nord, 2e série, vol. IX, p. 281.

Hab. Wimereux, Iles Anglo-Normandes, Concarneau, Croisic (Chevreux), Gironde, Cap Breton.

Je n'ai trouvé qu'un seul exemplaire de cette rare espèce dans un coup de drague dans la Baie de la Forest (10 mètres).

60. **Crangon vulgaris** Fabricius.

1765. *Cancer crangon* Seba, Crust., t. III, tab. 21, f. 8.
1776. *Astacus crangon* Müller, Zool. Danica, t. III, p. 57, t. 14, f. 4-10.
1777. *Astacus crangon* Pennant, Brit. zool. IV, t. XV, f. 30.
1782. *Astacus crangon* Herbst, t. II, p. 57, pl. 29, f. 3-4.
1798. *Crangon vulgaris* Fabricius, Suppl. Entom. syst., p. 410.
1802. *Crangon vulgaris* Latreille, Hist. nat. des Crust., t. VI, p. 267, pl. 55, f. 1-2.
1815. *Crangon vulgaris* Leach, Malac. Brit., pl. 37. B.
1816. *Crangon rubropunctatus* Risso, Crust. de Nice, p. 83.
1817. *Crangon septemspinosa* Say, Journ. Ac. sc. Philad., 1, 246.
1818. *Crangon vulgaris* Lamarck, Hist. anim. s. vert., t. V, p. 202.
1825. *Crangon vulgaris* Desmarest, Consid. sur les Crust., p. 218, pl. 38, f. 1.
1825. *Crangon vulgaris* Brebisson, Cat. des Cr. du Calvados, p. 21.
1825. *Crangon rubropunctatus* Brebisson, Cat. des Cr. du Calv., p. 22.
1826. *Crangon rubropunctatus* Risso, Hist. nat. de l'Europ. mér., t. V, p. 65.
1832. *Crangon vulgaris* Bouchard, Crust. du Boulonnais, p. 126.
1837. *Crangon vulgaris* Milne-Edwards, Hist. nat. Cr., II, p. 341.
1844. *Crangon septemspinosa* de Kay, Zool. New-York, VI, p. 25, t. 8, f. 24.
1853. *Crangon vulgaris* Bell, Brit. Stalk-Eyed Crust., p. 256.
1862. *Crangon vulgaris* Kinahan, Brit. spec. of Crang. and Galath. p. 61, f. II.
1863. *Crangon vulgaris* Heller, Crust. des Südl.-Europ., p. 226, t. VII, f. 8-9.
1868. *Crangon vulgaris* Norman, Rep. on the dr. Shetland, p. 265.
1872. *Crangon vulgaris* Fisher, Cr. Podoph. de la Gironde, p. 16.
1875. *Crangon vulgaris* de Folin, Fonds de la mer, III, p. 211.
1881. *Crangon vulgaris* Delage, Arch. de zool., IX, p. 157.
1882. *Crangon vulgaris* Barrois, Cr. Podoph. de Concarn. p. 26.
1884. *Crangon vulgaris* Beltremieux, Faun. viv. de la Char., p. 30.
1886. *Crangon vulgaris* Kœhler, F. litt. des îles Anglo-N., p. 60.

Hab. Toutes nos côtes, sur les plages sablonneuses.

Il est très commun à Concarneau, où il est dédaigné par les pêcheurs. Il en existe plusieurs variétés, l'une piquetée de points rouges et qui correspond au *C. rubropunctatus* de Risso et de Brebisson et une autre qui se trouve sur la grande plage de sable blanc du Loch aux Glénans et qui présente un fonds gris couvert de petites taches d'un blanc mat : c'est un exemple de mimétisme très net.

Il est très curieux qu'un animal aussi universellement répandu ne présente aucun parasite.

Gen. ATHANAS LEACH.

61. **Athanas nitescens** LEACH.

1814. *Palæmon nitescens* LEACH, Encycl. Edimb., t. VIII, p. 401.
1815. *Athanas nitescens* LEACH, Malac. Podoph. Brit., t. 44.
1825. *Athanas nitescens* BREBISSON, Cat. des Crust. du Calv., p. 24.
1829. *Athanas nitescens* GUÉRIN, Icon., pl. 22, f. 2.
1837. *Athanas nitescens* MILNE-EDWARDS, Hist. nat. des Crust., II, p. 366.
1853. *Athanas nitescens* BELL, Brit. Stalk-Eyed Crust., p. 281.
1861. *Arete Diocletiana* HELLER, Sitz. d. Wien. Ak. B. 45, p. 404, t. I, f. 28-33.
1863. *Athanas nitescens* HELLER, Crust. des Südl.-Europ., p. 281, t. IX, f. 21-23.
1872. *Athanas nitescens* FISHER, Cr. Podoph. de la Gironde, p. 21.
1875. *Athanas nitescens* DE FOLIN, Fonds de la mer, III, p. 211.
1881. *Athanas nitescens* DELAGE, Arch. de zool., IX, p. 157.
1882. *Athanas nitescens* BARROIS, Cr. Podoph. de Concarn., p. 28.
1884. *Athanas nitescens* BELTREMIEUX, Faun. viv. de la Char., p. 30.
1886. *Athanas nitescens* KŒHLER, F. litt. des îles Anglo-N., p. 60.

Hab. Boulonnais, Calvados, Iles Anglo-Normandes, Roscoff, Concarneau, Le Croisic, Charente, Gironde, Cap Breton.

Très commune à marée basse dans les algues et les laisses de basse mer, cette espèce ne se rencontre plus dans les draguages à partir de 10 mètres de fond.

Gen. NIKA RISSO.

62. **Nika edulis** RISSO.

1815. *Processa canaliculata* LEACH, Malac. Brit., pl. 41.
1816. *Nika edulis* RISSO, Crust. de Nice, p. 85, t. III, f. 3.

1816. *Nika variegata* Risso, Crust. de Nice, p. 86.
1818. *Nika edulis* Lamarck, Anim. s. vert., t. V. p. 203.
1825. *Nika edulis* Desmarest, Consid. sur les Crustacés, p. 230.
1825. *Nika canaliculata* Desmarest, Cons. sur les Cr., pl. 39, f. 4.
1826. *Nika edulis* Risso, Hist. nat. de l'Europ. mérid., V, p. 72.
1828. *Nika edulis* Roux, Crust. de la Méditerranée, pl. 45.
1837. *Nika edulis* Milne-Edwards, Hist. nat. des Cr., II, p. 230.
1849. *Nika edulis* Lucas, Anim. articul. de l'Algérie, p. 41.
1853. *Nika edulis* Bell, Brit. Stalk-Eyed Crust., p. 275.
1863. *Nika edulis* Heller, Crust. des Südl.-Europa, p. 232.
1868. *Nika edulis* Norman, Rep. on dredg. Shetland, p. 265.
1872. *Nika edulis* Fisher, Crust. Podoph. de la Gironde, p. 17.
1875. *Nika edulis* Folin, Fonds de la mer, III, p. 211.
1881. *Nika edulis* Delage, Arch. de zool., IX, p. 157.
1886. *Nika edulis* Kœhler, Fau. litt. des îles Anglo-Norm., p. 60.

Hab. Wimereux, Le Hâvre (Gadeau de Kerville), St-Waast (Grube), Iles Anglo-Normandes, Roscoff, Concarneau, le Croisic, Gironde, Cap Breton.

Ce Crustacé n'est pas commun à Concarneau ; on le prend le plus souvent à la drague sur les fonds de Zostères par quelques mètres de profondeur.

Ses œufs sont d'un jaune vif.

Gen. HIPPOLYTE Leach.

63. **Hippolyte Cranchii** Leach.

1815. *Hippolyte Cranchii* Leach, Malac. Brit., tab. 38, f. 17-21.
1816. *Palæmon microramphos* Risso, Crust. de Nice, p. 104.
1832. *Hippolyte Cranchii* Bouchard-Chantereaux, Crust. du Boulonnais, p. 127.
1837. *Hippolyte Cranchii* Milne-Edwards, Hist. nat. des Crust., II, p. 376.
1837. *Hippolyte crassicornis* Milne-Edwards, Hist. nat. des Crust., II, p. 375.
1853. *Hippolyte Cranchii* Bell, Brit. Stalk-Eyed Crust., p. 288.
1863. *Hippolyte Cranchii* Heller, Crust. des Südl.-Europ., p. 283, t. IX, f. 24.
1872. *Hippolyte Cranchii* Fisher, Cr. Pod. de la Gironde, p. 21.
1875. *Hippolyte Cranchii* de Folin, Fonds de la mer, III, p. 211.
1882. *Hippolyte Cranchii* Barrois, Cr. Pod. de Concarneau, p. 28.
1886. *Hippolyte Cranchii* Kœhler, Faun. litt. des îles Anglo-Norm., p. 60.

Hab. Boulonnais, Le Havre (GADEAU DE KERVILLE). Iles Anglo-Normandes, Concarneau, le Croisic, Gironde, Cap Breton.

Ce petit crustacé est très commun à Concarneau ; on le trouve à marée basse dans les Algues, et la drague le ramène des fonds d'herbier, de 25 m. de profondeur.

Il est très variable dans ses colorations et s'adapte admirablement sur les objets qui l'entourent ; transparent le plus souvent, quand il vit sur les Floridées il devient d'un rouge vineux, il passe au vert sur les Fucus, et au brun sur les Cystoseira et les Laminaires

64. **Hippolyte Prideauxiana** LEACH.

1815. *Hippolyte Prideauxiana* LEACH, Mal. Brit., t. 38, f. 1, 3, 4, 5.
1815. *Hippolyte Moorii* LEACH, Malac. Brit., t. 38, f. 2.
1837. *Hippolyte Prideauxiana* MILNE-EDWARDS, Hist. nat. des Cr., II, p. 372.
1837. *Hippolyte Moorii* MILNE-EDWARDS, Hist. n. d. Cr., II, p. 372.
1882. *Hippolyte Prideauxiana* BARROIS, Crust. Podoph. de Concarneau, p. 28.

Hab. Concarneau.

C'est le seul des Crustacés signalés par TH. BARROIS que je n'ai point retrouvé moi-même à Concarneau. Il l'indique comme assez rare dans les Zostères.

Gen. PANDALUS LEACH.

65. **Pandalus brevirostris** RATHKE.

1837. *Pandalus brevirostris* RATHKE. Mém. présenté à l'Acad. de Pétersb., t. III.
1850. *Pandalus Jeffreysii* SPENCE BATE, Fauna of Swansea.
1853. *Hippolyte Thompsoni* BELL, Brit Stal-Eyed Crust., p. 290.
1859. *Pandalus Jeffreysii* SPENCE BATE, Nat. Hist. Review of Dublin, vol. VI, p. 100.
1861. *Pandalus Jeffreysii* SP. BATE, List of the Brit. mar. Invert. Fauna.

1861. *Pandalus Thompsoni* NORMAN, Ann. and mag. of Nat. Hist. IIIe sér., p. 279, pl. XIV, f. 39.
1867. *Hippolyte Thompsoni* WHITE, Pop. Hist. Brit. Crust., p. 123.
1868. *Pandalus brevirostris* NORMAN, Rep. on dr. Shetland, p. 265.
1881. *Hippolyte Thompsoni* DELAGE, Arch. de zool., t. IX, p. 157.
1882. *Hippolyte Thompsoni* BARROIS, Cr. Pod. de Concarn., p. 28.
1886. *Hippolyte Thompsoni* GIARD, Bull. scientif. du Nord, 2e sér., vol. IX, p. 281.

Hab. Wimereux, Roscoff, Concarneau.

Cette espèce n'est pas très rare par quelques mètres de profondeur dans la baie de La Forest.

Gen. PALÆMON FABRICIUS.

66. **Palæmon serratus** PENNANT.

1777. *Astacus serratus* PENNANT, Brit. zool. IV, t. XVI, f. 28, p. 19.
1782. *Cancer squilla* HERBST, Versuch, etc., t. II, p. 55, pl. 27, f. 1.
1798. *Palæmon serratus* FABRICIUS, Suppl. Entom. syst., p. 604.
1815. *Palæmon serratus* LEACH, Malac. Brit. XXIV, pl. 43, f. 10.
1825. *Palæmon serratus* DESMAREST, Consid. sur les Cr., p. 234, pl. 40, f. 1.
1825. *Palæmon serratus* BREBISSON, Crust., du Calvados, p. 23.
1832. *Palæmon serratus* BOUCHARD-CHANTEREAUX, Crust. du Boulonnais, p. 127.
1837. *Palæmon serratus* MILNE-EDWARDS, Hist. nat. des Crust., t. II, p. 389.
1849. *Palæmon serratus* LUCAS, Explor. de l'Afrique, p. 44.
1853. *Palæmon serratus* BELL, Brit. Stalk-Eyed Crust., p. 302.
1863. *Palæmon serratus* HELLER, Cr. des Südl.-Europa, p. 263.
1872. *Palæmon serratus* FISHER, Cr. Podoph. de la Gironde, p. 18.
1875. *Palæmon serratus* DE FOLIN, Fonds de la mer, III, p. 211.
1881. *Palæmon serratus* DELAGE, Arch. de zool., t. IX, p. 157.
1882. *Palæmon serratus* BARROIS, Cr. Pod. de Concarneau, p. 26.
1884. *Palæmon serratus* BELTREMIEUX, F. viv. de la Char., p. 30.
1886. *Palæmon serratus* KŒHLER, F. litt. des îles Anglo-Norm., p. 59.

Hab. Toutes nos côtes océaniques.

Très commun à marée basse à la zône inférieure. Il porte rarement *Bopyrus Squillarum* RATHKE.

67. **Palæmon squilla** LINNÉ.

1766. *Cancer squilla* LINNÉ, Syst. nat. Edit. XII, p. 1051.
1798. *Palæmon squilla* FABRICIUS, Suppl. Entom. syst., p. 403.
1802. *Palæmon squilla* LATREILLE, Hist. des Crust., VI, p. 257.
1814. *Palæmon squilla* LEACH, Edimb. Encycl. VII, p. 432.
1815. *Palæmon squilla* LEACH, Malac. Brit., pl. 43, f. 11, 13.
1818. *Palæmon squilla* LAMARCK, Anim. sans vert., t. V, p. 207.
1825. *Palæmon squilla* BREBISSON, Crust. du Calvados, p. 23.
1837. *Palæmon antennarius* MILNE-EDWARDS, Hist. nat. des Cr., II, p. 290.
1837. *Palæmon elegans* RATHKE, M. prés. à l'Ac. de Pétersb., t. III,
1853. *Palæmon squilla* BELL, Brit. Stalk-Eyed Crust, p. 305.
1863. *Palæmon squilla* HELLER, Crust. des Südl.-Europa, p. 267.
1868. *Palæmon squilla* NORMAN, Rep. on drèdg. Shetland, p. 265.
1872. *Palæmon squilla* FISHER, Cr. Podoph. de la Gironde, p. 19.
1882. *Palæmon squilla* BARROIS, Cr. Podoph. de Concarn., p. 27.
1884. *Palæmon squilla* BELTREMIEUX, Faun. viv. de la Char., p. 30.
1886. *Palæmon squilla* KŒHLER, Faun. litt. des îles Ang.-Norm., p. 60.

Hab. Toutes nos côtes (Il n a pourtant pas été signalé à Roscoff par DELAGE).

Aussi commun que le précédent, on le rencontre à un niveau plus élevé.

68. **Palæmon Fabricii** RATHKE.

1837. *Palæmon squilla* MILNE-EDWARDS, Hist. nat. des Crust., t. II, p. 390.
1837. *Palæmon adspersus* RATHKE, Mém. prés. à l'Ac. de Pétersb., t. III ; t. IV, f. 4.
1843. *Palæmon Fabricii* RATHKE, Beit. z. Faun. Norweg., p. 6.
1844. *Palæmon rectirostris* ZADDACH, Synopsis Crust., p. 1.
1853. *Palæmon Leachii* BELL, Brit. Stalk-Eyed Crust., p. 307.
1863. *Palæmon rectirostris* HELLER, Cr. des Südl.-Europ., p. 269, t. IX, f. 13.
1872. *Palæmon rectirostris* FISHER, Cr. Pod. de la Gironde, p. 19.
1884. *Palæmon rectirostris* BELTREMIEUX, Faun. viv. de la Charente, p. 30.

Hab. Boulonnais, Concarneau, le Croisic, Charente, Gironde.

Cette espèce est très commune sur toutes nos côtes de l'Ouest ; si elle est peu remarquée c'est à cause de sa grande ressemblance avec les deux autres espèces du même genre. Elle remonte très haut ; au Croisic, elle est très fréquente dans les vasières de marais salants.

Gen. VIRBIUS STIMPSON.

69. Virbius varians LEACH.

1815. *Hippolyte varians* LEACH, Malac. Pod. Brit., pl. 38, f. 6-16.
1837. *Hippolyte varians* MILNE-EDWARDS, Hist. nat. des Crust., II, p. 371.
1853. *Hippolyte varians* BELL, Brit. Stalk-Eyed Crust., p. 287.
1863. *Virbius varians* HELLER, Cr. des Südl.-Eur., p. 288, t. X, f. 4.
1872. *Virbius varians* FISHER, Cr. Podoph. de la Gironde, p. 20.
1881. *Hippolyte varians* DELAGE, Arch. de zool., t. IX, p. 157.
1882. *Virbius varians* BARROIS, Cr. Podoph. de Concarneau, p. 27.
1884. *Hippolyte varians* BELTREMIEUX, Faun. viv. de la Char., p. 30.
1886. *Hippolyte varians* KŒHLER, Faun. litt. des îles Ang.-N., p. 60.

Hab. Toutes nos côtes.

Très commun à mer basse, on peut aussi le draguer dans les fonds d'herbier jusque 15 ou 20 mètres. On trouve quelquefois des spécimens qui présentent trois dents à la partie inférieure du rostre.

70. Virbius viridis OTTO.

1829. *Alpheus viridis* OTTO, Nov. Act. Acad. Leop. Carol., t. XIV pl. XX, f. 4.
1832. *Hippolyte Brullei* GUÉRIN, Exped. scientif. de Morée, p. 41, pl. 27, f. 2.
1837. *Hippolyte viridis* MILNE-EDWARDS, Hist. nat. Cr., II, p. 372.
1849. *Hippolyte mauritanicus* LUCAS, Anim. articul. d'Alg., p. 42, pl. 4, f. 3.
1863. *Virbius viridis* HELLER, Cr. des Südl.-Eur., p. 286, t. X, f. 3.
1872. *Virbius viridis* FISHER, Crust. Podoph. de la Gironde, p. 20.
1875. *Virbius viridis* DE FOLIN, Fonds de la mer, III, p. 211.
1882. *Virbius viridis* BARROIS, Cr. Podoph. de Concarneau, p. 27.
1884. *Hippolyte viridis* BELTREMIEUX, Faun. viv. de la Char., p. 30.
1886. *Hippolyte viridis* KŒHLER, Faun. litt. des îles Ang.-N., p. 60.

Hab. Boulonnais, Iles Anglo-Normandes, Concarneau, le Croisic, Charente, Gironde, Cap Breton.

Très commun à marée basse et dans les algues ramenées des fonds de 15 à 20 mètres par la drague.

SCHIZOPODA.

Mysidæ.

Gen. MYSIS LATREILLE.

71. Mysis flexuosa MULLER.

1776. *Cancer flexuosus* MULLER, Zool. Danica, t. 66, f. 1-9.
1804. *Cancer astacus multipes* MONTAGU, Linn. Trans., IX, p. 86, t. 2, f. 86.
1815. *Mysis spinulosa* LEACH, Linn. Trans., XI, p. 350.
1825. *Mysis spinulosus* BREBISSON, Cat. des Cr. du Calvados, p. 25.
1832. *Mysis spinulosus* BOUCHARD-CHANTEREAUX, Crust. du Boulonnais, p. 128.
1840. *Mysis flexuosa* KROYER, Voy. en Scandinavie, t. IX, f. 1-3.
1844. *Mysis flexuosa* KROYER, Nat. Tidsskr. 3, I, p. 2.
1847. *Mysis chamæleon* THOMPSON, Zool. Researches, p. 28, t. 2, f. 1-10.
1853. *Mysis chamæleon* BELL, Brit. Stalk-Eyed Crust., p. 336.
1861. *Mysis chamæleon* VAN BENEDEN, Rech. sur la faun. litt. de Belgique, p. 14, t. II-V.
1868. *Mysis flexuosa* NORMAN, Rep. on dredg. Shetland, p. 266.
1872. *Mysis chamæleon* FISHER, Cr. Pod. de la Gironde, p. 25.
1879. *Mysis flexuosa* G.-O. SARS, Carcinolog. Bidrag til nord. faun. Mysid. III, p. 45, t. XXIV-XXV.
1886. *Mysis chamæleon* GIARD, Bull. scientif. du Nord, 2e série, vol. IX, p. 281.
1886. *Mysis chamæleon* KŒHLER, Faun. litt. des îles Ang.-N., p. 60.

Hab. Boulonnais, Calvados, Iles Anglo-Normandes, Concarneau, le Croisic, Gironde, Cap Breton.

Très commune dans les laisses de basse mer.

72. Mysis ornata G.-O. Sars.

1863. *Mysis ornata* G.-O. Sars, Beit. om. e. i. soemm. foretagen zool. Reis., p. 18.
1868. *Mysis ornata* Norman, Rep. on dredg. Shetland, p. 266.
1879. *Mysis ornata* G.-O. Sars, Carcinol. Bid. til. nor. faun. Mysider. III, p. 62, t. XXIX.

Hab. Concarneau, baie de Quiberon.

Je n'en ai trouvé quelques exemplaires dans les algues rapportées par la drague, dans la baie de la Forest.

73. Mysis vulgaris Kroyer.

1844. *Mysis vulgaris* Kroyer, Nat. Tidosk. 3. Rathk. I, p. 21.
1847. *Mysis vulgaris* Thompson, Zool. Researches, I, p. 31, t. I.
1853. *Mysis vulgaris* Bell, Brit. Stalk-Eyed Crust., p. 339.
1861. *Mysis vulgaris* Van Beneden, Rech. sur la faun. litt. de Belgique, p. 13, t. 1.
1868. *Mysis vulgaris* Norman, Rep. on dredg. Shetland, p. 267.
1879. *Mysis vulgaris* G.-O. Sars, Carcinolog. bidrag til. nor. faun. Mysider, III, p. 80, pl. XXXIV.
1885. *Mysis vulgaris* Gadeau de Kerville, Not. sur Cr. Schi., p. 90.
1886. *Mysis vulgaris* Giard, Bull. scientif. du Nord, 2e série, vol. IX, p. 281.
1886. *Mysis vulgaris* Kœhler, Faun. litt. des îles Ang.-Norm., p. 60.

Hab. Wimereux, le Hâvre, Iles Anglo-Normandes, Concarneau.

Cette espèce est assez commune à certains moments dans les flaques laissées entre les rochers par la mer.

Elle s'adapte très bien à l'eau douce, car depuis plusieurs années j'ai constaté sa présence dans la petite rivière du Wimereux, à 2 kil. de son embouchure.

II. — ARTHROSTRACA.

AMPHIPODA (1).

I. AMPHIPODA HYPERINA.

Hyperidæ.

Gen. HYPERIA LATREILLE.

74. **Hyperia Medusarum** FABRICIUS.

1729. *Gammarus medusarum* FABRICIUS, Reise nach Norwegen, p. 326.
1743. *Gammarus medusarum* FABRICIUS, Entom. syst. II.
1776. *Cancer medusarum* MULLER, Zool. Dan. prod. 2355, p. 148.
1815. *Cancer gammarus galba* MONTAGU, Linn. Transact., XI, p. 4, t. 2, f. 2.
1824. *Talitrus cyaneæ* SABINE, Supp. to Parrys first voy., p. 238, pl. 1, f. 12-18.
1829. *Hiella Orbignii* STRAUS, Mém. du Museum, XVIII, pl. 4.
1830. *Hyperia Latreillii* MILNE-EDWARDS, Ann. des Sc. nat., XX, p. 388, pl. II, f. 1-7.
1830. *Hyperia cyanea* MILNE-EDWARDS, Ann. des Sc. nat., XX, p. 387.
1838. *Lestrigonus exulans* KROYER, Grönl. Amphi., p. 68, f. 18.
1838. *Hyperia oblivia* KROYER, Grönl. Amphip., p. 70, pl. 4, f. 19.
1840 *Hyperia Latreillii* MILNE-EDWARDS, Hist. des Cr., III, p. 76.

---

(1) J'ai suivi, pour la classification des Amphipodes, celle que donne A. BOECK, au commencement de sa remarquable étude des Amphipodes scandinaves et arctiques (1876).

1840. *Metoecus cyanea* MILNE-EDWARDS, Hist. des Crust. III, p. 78.
1850. *Hyperia Latreillii* WHITE, Hist. Brit. Cr., p. 206, pl. II, f. 3.
1850. *Hyperia galba* WHITE, Hist. Brit. Crust., p. 206.
1855. *Hyperia Latreillii* GOSSE, Marine Zool., f. 251.
1858. *Hyperia Latreilli* DANIELSSEN, Beretning om en Zoologisk Reise, p. 16.
1860. *Hyperia galba* BOECK, Bemerk, etc., in Naturf. Forhandl, p. 636.
1860. *Lestrigonus Boeckii* BOECK, Bemerk, etc., Naturf. Forhandl, p. 636.
1862. *Hyperia galba* SPENCE BATE, Cat. Crust. Amph. Brit. Mus., p. 292, pl. XLVIII, f. 9.
1862. *Hyperia medusarum* SPENCE BATE, Cat. Crust. Amph. Brit. Mus., p. 295, pl. XLIX, f. 1.
1862. *Hyperia cyanea* SPENCE BATE, Cat Crust. Amph. Brit. Mus., p. 294.
1862. *Lestrigonus exulans* SPENCE BATE, Cat. Crust. Amph. Brit. Mus., p. 287, pl. XLVIII, f. 2.
1862. *Hyperia oblivia* SPENCE BATE, Cat. Crust. Amph. Brit. Mus., p. 298, pl. XLIX, f. 5.
1865. *Hyperia exulans* GOES, Crust. Amph. Spetsb., p. 18.
1868. *Hyperia galba* SPENCE BATE et WESTWOOD, Brit. Stalk Eyed Crust. II, p. 12.
1868. *Hyperia Kinahani* SPENCE BATE et WESTWOOOD, Brit. Stalk Eyed Crust II, p. 8.
1868. *Hyperia galba* NORMAN, Rep on dreg. Shetland, p. 286.
1876. *Hyperia medusarum* BOECK, Skand. og Ark. Amphip., p. 79.
1877. *Hyperia galba* MEINERT, Naturh. Tidsskr. II Bd, 3 R, p. 91.
1881. *Hyperia Latreillii* DELAGE, Arch. de zool. IX, p. 153.
1881. *Lestrigonus exulans* (?) DELAGE, Arch. de zool. IX, p. 153.
1881. *Lestrigonus Kinahani* (?) DELAGE, Arch. de zool. IX, p. 153
1882. *Hyperia galba* G.-O. SARS, Vid. Selsk Forh., p. 19.
1883. *Hyperia Latreilli* CHEVREUX, Crust. Amp. du Croisic. Ass. pour l'Av. des Sc. Rouen, p. 519.
1884. *Lestrigonus exulans* (?) CHEVREUX, Crust. Amph. du Croisic. Ass. pour l'av. des Sc. Blois, p. 315.
1884. *Lestrigonus Kinahani* (?) CHEVREUX, Cr. Amph. du Croisic. Ass. pour l'av. des Sc. Blois, p. 315.
1884. *Hyperia Latreilli* BELTREMIEUX, F. viv. de la Charente, p. 30.
1887. *Hyperia galba* CHEVREUX, Comp.-rendus de l'Acad., 3 janv.

Hab. Wimereux, Roscoff, Concarneau, le Croisic, Charente.

Cette espèce est la seule qui jusqu'ici représente sur nos

côtes océaniques la tribu des Hypérines. On la trouve communément dans *Rhizostoma Cuvieri*, *Aurelia aurita*, *Cyanea capillata*. Quand on rencontre en haute mer, un banc de ces méduses, par un temps calme, il est très facile d'observer les allées et venues de ces petits amphipodes autour de leur hôte, dont ils ne s'éloignent guère et qu'ils rejoignent à la première alerte.

II. — AMPHIPODA GAMMARINA.

1. **Orchestidæ.**

Gen. ORCHESTIA Leach.

75. **Orchestia gammarellus** Pallas.

1772. *Oniscus gammarellus* Pallas, Spicil. zool., fasc. IX, tab. IV, f. 8.
1782. *Cancer gammarellus* Herbst, Versuch. ein. Naturg. d. Krab. und Krebse.
1804. *Cancer gammarus littoreus* Montagu, Linn. Trans. IX, p. 96. t. 4, f. 4.
1813. *Orchestia littorea* Leach, Edimb. Encycl. VII p. 402.
1825. *Orchestia littorea* Desmarest, Consid. sur les Crust., p. 261, pl. 75, f. 13.
1825. *Talitrus gammarellus* Brebisson, Cat. des Crust. du Calvados, p. 27.
1832. *Orchestia littorea* Bouchard-Chantereaux, Crust. du Boulonnais, p. 129.
1838. *Talitrus tripudians* Kroyer, Nat. Tidsskr. 2 R. I. p., p. 311, tab. III, f. 2.
1840 *Orchestia littorea* Milne-Edwards. Hist. des Cr., III, p. 16.
1843. *Talitrus tripudians* Kroyer, Nat. Tidssk, 2. R, 1, p. 311, tab. III, f. 2.
1847. *Orchestia littorea* Frey et Leukart, Beit. z. Kennt. d. wirb. Thiere, p. 160.
1848. *Orchestia enchore* F. Muller, Archiv. f. Naturg. XIV, p. 53, pl. IV.
1851. *Orchestia littorea* Lilljeborg, Norges Crust. ofvers. K. vet. Akad. Forh., p. 13.
1855. *Orchestia littorea* Gosse, Marine zool., p. 142.

1856. *Orchestia littorea* COSTA, Su. Crost. Amfip. d. reg. di Napoli, p. 181.
57. *Orchestia littorea* SPENCE BATE, Ann. Nat. Hist., sér. 2, p. 136.
1857. *Orchestia littorea* WHITE, Hist. Brit. Crust., p. 162.
1859. *Orchestia littorea* BRUZELIUS, Skand. Amphip. gann., p. 33.
1862. *Orchestia littorea* SPENCE BATE, Cat. Amphip. Crust. Brit. Mus., p. 27, pl. IV, f. 8.
1863. *Orchestia littorea* SPENCE BATE et WESTWOOD, Brit. sess. Eyed Crust. I. p. 27.
1867. *Orchestia littorea* HELLER, Denk. d. K. K. Akad. d. Wissensch, 2 Ab., p. 2.
1868. *Orchestia littorea* NORMAN, Rep. on dreg. Shetland, p. 273.
1870. *Orchestia littorea* BOECK, Crust. Amphip. bor. et artc., p. 12.
1876. *Orchestia gammarellus* BOECK, D. Skand. o. Arkt. Amph., p. 102.
1877. *Orchestia littorea* MEINERT, Natur. Tidsskr. II B., 3 R., p. 91.
1881. *Orchestia littorea* DELAGE, Arch. de zool. Exp. IX, p. 154.
1882. *Orchestia littorea* G.-O. SARS, Vid. Selsk Forh., p. 20.
1883. *Orchestia littorea* CHEVREUX, Ann. pour av. des Sciences Rouen, p. 518.
1884. *Talitrus gammarellus* BELTREMIEUX, Faun. viv. de la Charente, p. 30.
1886. *Orchestia littorea* KŒHLER, Faun. litt. des îles Anglo-Norm., p. 60.
1887. *Orchestia littorea* BARROIS, Note sur la Morphol. des Orchesties. Lille, p. 12.

Hab. Toutes les plages de sable de nos côtes océaniques.

Cette espèce est plutôt d'eau saumâtre que d'eau salée : on la rencontre très loin de la mer dans tous les endroits humides, dans les mares d'eau presque douce comme dans les réservoirs d'eau de mer saturée des marais salants du Croisic et du Pouliguen (CHEVREUX).

Gen. TALITRUS LATREILLE.

76. **Talitrus locusta** LINNÉ.

1746. *Cancer locusta* LINNÉ, Fauna Suec.. n° 2042.
1772. *Oniscus locusta* PALLAS, Spicil zool., f. 9, t. 4, f. 7.
1768. *Astacus locusta* PENNANT, Brit. zool. IV, p. 21.

1802. *Talitrus locusta* Latreille, Hist. nat. des Crust., t. 6, p. 229.
1804. *Cancer gammarus saltator* Montagu, Linn. Transact. IX, p. 94, t. 4, f. 3.
1813. *Talitrus littoralis* Leach, Edimb. Enc. Cr., vol. VII, p. 402.
1815. *Talitrus locusta* Leach, Linn. Trans. IX, p. 356.
1825. *Talitrus locusta* Desmarest, Consid. sur les Crust., p. 260, t. 45, f. 2.
1825. *Talitrus locusta* Brebisson, Cat. des Cr. du Calvados, p. 26.
1826. *Talitrus locusta* Risso, Hist. nat. de l'Eur. mérid., v.V, p 98.
1830. *Talitrus saltator* Milne-Edwards, Ann. des Sc. nat., t. 20, p. 364.
1832. *Talitrus locusta* Bouchard-Chantereaux, Crust. du Boulonnais, p. 128.
1840. *Talitrus saltator* Milne-Edwards, Hist. nat. des Cr. III, p. 13.
1844. *Talitrus saltator* Zaddach, Syn. Crust. Pruss. prod., p. 4.
1851. *Talitrus saltator* Brandt, Bull. de l'Ac. de St-Pétersb., p. 137.
1856. *Talitrus saltator* Costa, Mém. d. r. Acad. d. Sciences, p. 184.
1857. *Talitrus locusta* Spence Bate, Ann. nat. Hist., 2e sér., vol. XIX, p. 115.
1862. *Talitrus locusta* Spence Bate, Cat. Crust. Amphip. Brit. Mus., p. 5, pl. I, f. 1.
1863. *Talitrus locusta* Spence Bate et Westwood, Brit. sessile Eyed Crust. I, p. 16.
1867. *Talitrus locusta* White, Popul. Hist. Brit. Crust., p. 160.
1868. *Talitrus saltator* Czerniavsky, Mat. Zoograph. pont. comp. p. 104, pl. VII, f. 42-44.
1868. *Talitrus locusta* Norman, Rep. on dredg. Shetland, p. 273.
1870. *Talitrus locusta* Boeck, Crust. Amphip. bor. et arct., p. 13.
1876. *Talitrus locusta* Boeck, D. Skand. og arkt. Amphip., p. 105.
1877. *Tolitrus locusta* Meinert, Nartuh. Tidssk. II B, 3 R., p. 96.
1881. *Talitrus locusta* Delage, Arch. de zool. expérim. IX, p. 150.
1882. *Talitrus locusta* G.-O. Sars, Vid. Selsk. Forh., p. 20.
1883. *Talitrus locusta* Chevreux, Assoc. p. l'av. des Sc. Rouen. p. 518.
1884. *Talitrus saltator* Beltremieux, F. viv. de la Charene, p. 30.
1886. *Talitrus locusta* Kœhler, F. litt. des îles Anglo-Norm., p. 60.

Hab. Toutes les plages de sable des côtes océaniques de France.

Très commune au niveau de la haute mer, sur les plages de sable, cette espèce ne remonte pas aussi haut que la précédente ; je ne l'ai jamais rencontrée dans l'eau saumâtre.

Gen. HYALE Rathke.

77. **Hyale Nilsoni** Rathke.

1843. *Amphitoe Prevosti* Rathke, Acta Acad. Leopold., t. XX, p. 81, t. 4, f. 5.
1843. *Amphitoe Nilsoni* Rathke, Acta Acad. Leop., t. XX, p. 264.
1844. *Orchestia nidrosiensis* Kroyer, Nat. Tidskr. 2 R. 1 B., p. 299.
1851. *Amphitoe Prevosti* Lilljeborg, Ofvers. af Kongl. Vetensk. Akad. Forhandl, p. 22.
1855. *Allorchestes Danai* Spence Bate, Rep. Brit. Assoc., p. 57.
1855. *Galanthis Lubbockiana* Spence Bate, Brit. Ass. Rep., p. 57
1857. *Galanthis Lubbockiana* Spence Bate, Ann. nat. Hist., 2e sér XIX, p. 136.
1857. *Allorchestes Danai* Spence Bate, Ann. nat. Hist., 2e sér XIX, p. 136.
1858. *Galanthis Lubbockiana* White, Popul. Hist. Brit. Cr., p. 164.
1858. *Allorchestes Danai* White. Hist. Brit. Crust. p. 163.
1859. *Allorchestes Nilsoni* Bruzelius, Bidrag till känn. Skand. Amphip. gam., p. 35.
1862. *Allochestes Nilsoni* Spence Bate, Cat. Amphip. Brit. Mus., p. 38, pl. VI, f. 4.
1862. *Nicea Lubbockiana* Spence Bate. Cat. Crust. Amphip. Brit. Mus., p. 51, pl. VIII, f. 3.
1863. *Allorchestes Nilsoni* Spence Bate et Westwood, Brit. Stalk-Eyed Crust. I, p. 40.
1863. *Nicea Lubbockiana* Spence Bate et Westwood, Brit. Stalk-Eyed Crust. I, p. 47.
1866. *Nicea Nilsoni* Heller, Beitrag z. näch. Kennt. d. Amphip. Adriat. Meeres, p. 4.
1870. *Hyale Nilsoni* Boeck, Crust. Amphip. bor et arct., p. 14.
1876. *Hyale Nilsoni* Boeck, De skand. og arktiske Amphip., p. 109. pl. III, f. 3.
1882. *Hyale Nilsoni* G.-O. Sars, Vid. Selsk. Forh., p. 20.
1884. *Nicea Lubbockiana* (?) Chevreux, Assoc. pour l'av. des Sc. Blois, p. 312.
1884. *Nicea (n. s.)* Chevreux. Assoc. p. l'av. des Sc. Blois, p. 312.
1886. *Nicea Lubbockiana* Kœhler, Faun. litt. des îles Anglo-Norm., p. 60.

Hab. Iles Anglo-Normandes, Concarneau, le Croisic.

Cette espèce se trouve fréquemment sous les *Fucus*

serratus qui recouvre les jetées, et des rochers de la première zône, dans les coquilles vides de *Balanus balanoïdes*. Je l'ai trouvé aussi sur *Maïa squinado* dragué par 10 mètres dans les îles Glénans,

Les deux sexes de cette espèce ont longtemps été séparés en deux genres différents : *Allorchestes* qui correspond au mâle, et *Nicæa* qui correspond à la femelle. *Nicæa* (sp.), voisine de *N. Lubbockiana*, signalée par Chevreux au Croisic, est la femelle de *Nicœa* (nov. sp.) qu'il cite immédiatement après. La diagnose très claire qu'il donne de cette espèce permet de la rapporter sans hésitation, quand on la compare à la description qu'en donne Boeck, à *Hyale Nilsoni*.

2. Gammaridæ.

a. Lysianassinæ.

Gen. LYSIANASSA Edwards.

78. Lysianassa atlantica Milne-Edwards.

1830. *Gammarus atlanticus* Milne-Edwards, Ann. sc. nat., t. XX.
1840. *Lysianassa atlantica* Mine-Edwards, Hist. nat. des Crust. III, p. 22.
1850. *Opis typica* White, Cat. Crust. Brit. Mus., p. 49.
1857. *Lysianassa marina* Spence Bate, Ann. nat. Hist., v. XIX, p. 138.
1862. *Lysianassa atlantica* Spence Bate, Cat. Amphip. Brit. Mus., p. 68, pl. X, fig. 10.
1863. *Lysianassa atlantica* Spence Bate et Westwood, Brit. ses. Eyed Crust. I, p. 82.
1884. *Lysianassa atlantica* Chevreux, Assoc. pour av. des Sciences. Blois, p. 313.

Hab, Concarneau, le Croisic.

Très rarement dragué sur fond de sable, ou dans les algues, par une dizaine de mètres dans la Baie de la Forest et aux Glénans.

79. **Lysianassa Costæ** MILNE-EDWARDS.

1830. *Lysianassa Costæ* MILNE-EDWARDS, Ann. des sc. nat., t. XX, p. 305, pl. 10, fig. 17.
1840. *Lysianassa Costæ* MILNE-EDWARDS, Hist. nat. des Crust III, p. 21.
1847. *Gammarus glaber* (*Spinola*) WHITE, Cat. Brit. Mus., p. 89
1856. *Lysianassa Costæ* COSTA. Su. Crost. Amfip. Mém. d. Accad. d. Sc. di Napoli, vol. I, p 187.
1857. *Lysianassa Costæ* SPENCE BATE, Synopsis Brit. Amphip. Ann. Nat. Hist.
1862. *Lysianassa Costæ* SPENCE BATE, Cat. Amphip. Crust. Brit. Mus., p. 69, pl. X, f. 11.
1863. *Lysianassa Costæ* SPENCE BATE et WESTWOOD, Brit. sess. Eyed Crust., t. I, p. 74.
1865. *Lysianassa Costæ* LILLJEBORG, On the Lysianassa Magellanica, p. 21.
1866. *Lysianassa Costæ* HELLER, Beitrag z. näh. Kenntn. Amphip. Adriat. Meeres, p. 18.
1868. *Lysianassa Costæ* NORMAN, Rep. on dredg. Shetland, p. 274.
1870. *Lysianassa Costæ* BOECK, Crust. Amphip. bor. et art., p. 16.
1876. *Lysianassa Costæ* BOECK, De Skand. og arktis. Amphip. p. 118, pl. IV, f. 1.
1882. *Lysianassa Costæ* G.-O. SARS, Vid. Selsk. Forh., p. 20.
1883. *Lysianassa Costæ* CHEVREUX, Assoc. p. l'av. des Sciences. Rouen, p. 316.

Hab. Wimereux, Concarneau, le Croisic.

Ce petit amphipode se drague communément sur fond de sable vaseux, dans les algues arrachées du fond, par 10 à 20 mètres.

Gen. HIPPOMEDON BOECK.

80. **Hippomedon Holbolli** KROYER.

1846. *Anonyx Holbolli* KROYER, Naturhist.Tidsskr. 2 R. 2 B., p. 8.
1848. *Anonyx Holbolli* KROYER, Voyage en Scandinavie, Crust., pl. 15, f. 51.
1851. *Anonyx Holbolli* LILLJEBORG, Ofvers. of. Kongl. Vet. Akand. Forhandl. p. 22, n° 36.
1859. *Anonyx Holbolli* BRUZELIUS, Skand. Amphip. gam., p. 8.
1859. *Anonyx Holbolli* SARS, Forhandl. i Videnskabs. Selskabet i Christiania, p. 136.

1862. *Anonyx denticulatus* SPENCE BATE, Cat. Amphip. Crust. Brit. Mus., p. 75, pl. 12, f. 4.

1863. *Anonyx denticulatus* SPENCE BATE et WESTWOOD, Brit. sess. Eyed Crust., t. I, p. 101.

1866. *Lysianassa Holbölli* GOES, Crust. Amphip. Spetsbs., p. 4.

1868. *Anonyx Holbollii* NORMAN, Rep. on dredg. Shetland, p. 274.

1870. *Anonyx Holbolli* BOECK, Crust. Amphip. bor. et artc., p. 22.

1876. *Hippomedon Holbolli* BOECK, De Skand og Arkt. Amphip., p. 136, pl. V, f. 6; pl. VI, f. 7.

1877. *Hippomedon Holbolli* MEINERT, Naturhist. Tidsskr., II. B., 3 R., p. 93.

1882. *Hippomedon Holbolli* G.-O. SARS, Vid. Sels. Forh., p. 21.

Hab. Concarneau,

Cette espèce, signalée pour la première fois sur la côte océanique de France, a été draguée au delà de la Basse Rouge, par 45 à 50 mètres, sur fond de sable coquillier à *Amphioxus*.

Gen. ARISTIAS BOECK.

81. **Aristias tumidus** KROYER.

1846. *Anonyx tumidus* KROYER, Naturhist. Tidsskr. 2 R. 2 B., p. 16.

1848. *Anonyx tumidus* KROYER, Voy. en Skandinav., p. 16, f. 1.

1851. *Anonyx tumidus* LILLJEBORG, Ofvers. of Kgl. Vetensk. Akad. Forhandl.

1855. *Lysianassa Audouiniana* SPENCE BATE, Brit. Assoc. Rep.

1859. *Anonyx tumidus* BRUZELIUS Skand. Amphip. gam., p. 4.

1862. *Anonyx tumidus* SPENCE BATE. Catal. Crust. Amphip. Brit. Mus., p. 73.

1862. *Lysianassa Audouiniana* SPENCE BATE, Catal, Crust. Amphip. Brit. Mus., p. 69, pl. XI, f. 1.

1863. *Lysianassa Audouiniana* SPENCE BATE et WESTWOOD, Brit. sess. Eyed Crust. I, p. 79.

1865. *Anonyx tumidus* LILLJEBORG, On the Lysianassa Magellanica, p. 32, f. 51.

1866. *Anonyx tumidus* HELLER, Beitrag z. näh. Kenntn. d. Amphip. Adriat. Meeres, p. 25, t. III, f. 6-12.

1866. *Lysianassa tumida* GOES, Crust. Amphip. maris Spetsb., p. 2.

1868. *Lysianassa Audouiniana* NORMAN, Rep. on dredg. Shetland, p. 274.

1870. *Aristias tumidus* A. BOECK, Crust. Amphip. bor. et arct., p. 27.

1875. *Lysianassa Audouiniana* COTTA. Rev. des Sc. nat. de Montpellier, t. IV, p. 8.
1876. *Aristias tumidus* A. BOECK, De Skand. og artisk. Amphip., p. 148, pl. III, f. 4.
1882. *Aristias tumidus* G.-O. SARS, Vid. Selsk. Forh., p. 21.
1885. *Aristias tumidus* AURIVILLUS, Krustaceer hos arkt. Tunikater, p. 229.

Hab. Concarneau.

Cette petite espèce, non encore signalée en France, n'est pas rare à Concarneau.

Je l'ai draguée devant les Pierres Noires, au Nord des Glénans, dans le Maërl par 15 mètres. Elle se creuse des galeries dans une éponge grise qu'on trouve très fréquemment entre les branches des *Spongites coralloïdes*.

Gen. ORCHOMENE BOECK.

82. **Orchomene serratus** BOECK.

1860. *Anonyx serratus* BOECK, Forhandl. ved. de Skand. Natur., p. 641.
1862. *Anonyx Edwarsi* SPENCE BATE, Catal. Amphip. Crust. Brit. Mus., p. 73, pl. X, f. 5.
1863. *Anonyx Edwardsi* SPENCE BATE et WESTWOOD, Brit. sess. Eyed. Crust. I, p. 97.
1865. *Anonyx serratus* LILLJEBORG, On the Lysianassa Magellanica, p. 29, f. 8.
1865. *Lysianassa crispata* GOES, Crust. Amphip. maris Spetsb., p. 3, f. 3.
1870. *Orchomene serratus* BOECK, Cr. Amphip. bor. et arct., p. 35.
1876. *Orchomene serratus* BOECK, De Skand og arkt. Amphip., p. 172, pl. V, f. 2.
1881. *Anonyx Edwardsi* DELAGE, Arch. de zool. expérim. IX, p. 154.
1884. *Anonyx Edwardsi* CHEVREUX, Assoc. pour l'av. des Sciences. Blois, p. 313.
1886. *Anonyx Edwardsi* KŒHLER, F. litt. des îles Ang-Norm., p. 60.

Non 1846. *Anonyx Edwardsi* KROYER, Naturh. Fids. 2 R. 2 B, p. 1.
» 1848. *Anonyx Edwardsi* KROYER, Voy. en Scand., pl. 16, f. 1.
» 1859. *Anonyx Edwardsi* BRUZELIUS, Amphip. gamm., p. 46.
» 1865. *Anonyx Edwardsi* LILLJEBORG, On the Lysianassa Magellanica, p. 30.

Hab. Wimereux, îles Anglo-Normandes, Roscoff, Concarneau.

J'ai trouvé quelques exemplaires de cette petite espèce dans des touffes de *Bugula* recueillies à marée basse.

83. **Orchomene minutus** Kroyer.

1846. *Anonyx minutus* Kroyer, Naturh. Fidskr. 2 R. 2 B., p. 23.
1848. *Anonyx minutus* Kroyer, Voy. en Scand., pl. 18, f. 2.
1851. *Anonyx minutus* Lilljeborg, Ofvers. Kongl. Vetensk. Akad. Forhandl., p. 22, nº 39.
1855. *Anonyx minutus* Spence Bate, Rep. Brit. Assoc., p. 58.
1857. *Anonyx minutus* Spence Bate, Ann. Nat. Hist. XIX, p. 138.
1862. *Anonyx minutus* Spence Bate, Catal. Amphip. Crust. Brit. Mus., p. 76, pl. XIII, f. 6.
1863. *Anonyx minutus* Spence Bate et Westwood, Brit. sess. Eyed Crust. I, p. 108.
1866. *Anonyx minutus* Heller, Beit. z. näh. Kennt. d. Amphip. Adriat. Meeres, p. 24.
1870. *Orchomene minutus* Boeck, Cr. Amphip. bor. et arct., p. 36.
1876. *Orchomene minutus* Boeck, De Skand. og arktisk. Amphip., p. 174, pl. V, fig. 3.
1880. *Anonyx minutus* Nebeski, Arbeiten a. dem Zool. Inst. der Univ. Wien., t. III, 2 H., p. 34.
1881. *Anonyx (spec.)* Delage, Arch. de Zool. expérim. IX, p. 154.
1882. *Orchomene minutus* G.-O. Sars, Vid. Selsk. Forh., p. 21.

Hab. Wimereux, Roscoff, Concarneau.

Je repporte à cette espèce l'*Anonyx* indéterminé que Delage signale dans sa faune de Roscoff, comme ayant été trouvé en compagnie de *Conilera cylindracea* dans la carapace d'un Tourteau mort J'ai en effet, trouvé des exemplaires n'ayant, au filet accessoire des antennes internes, que 3 articles, comme le dit Delage, mais j'en ai trouvé d'autres en ayant 4, et enfin le plus grand nombre, 5 ou 6, comme l'indiquent Spence Bate et Westwood. Le troisième segment du pleon dans *Hippomedon Holbolli* Kroyer (*Anonyx denticulatus* Spence Bate) est suffisamment caractéristique pour qu'il n'y ait pas de confusion possible avec la présente espèce.

J'ai trouvé plusieurs centaines de cet amphipode dans *Maïa squinado* en décomposition, sur la plage sud de l'ile Drénec, aux Glénans ; ils remplissaient toute la carapace et se trouvaient jusque dans les pattes et les antennes. Je l'ai trouvé à Wimereux dans les mêmes conditions dévorant un *Cancer Pagurus* mort.

b. Pontoporinæ.

Gen. BATHYPOREIA Lindstrom.

84. **Bathyporeia pilosa** Lindstrom.

1855. *Bathyporeia pilosa* Lindstrom, Ofvers. af Kgl. Vetensk. Akad. Forhandl., p. 59.
1855. *Thersites Guilliamsonia* Spence Bate, Rep. Brit. As., p.59.
1855. *Thersites pelagica* Spence Bate, Rep. Brit. Assoc., p. 59.
1857. *Thersites Guilliamsonia* Spence Bate, Ann. Nat. Hist., 2e sér. XIX, p. 146.
1857. *Thersites pelagica* Spence Bate, Ann. Nat. Hist., 2e sér. XIX, p. 146.
1859. *Bathyporeia pilosa* Bruzelius, Bidrag till kânn. on Skand. Amph. gamm. Kgl. Vetensk. Akad. Handl. Bd. 3, p. 90.
1862. *Bathyporeia pilosa* Spence Bate, Cat. Amphip. Crust. Brit. Mus., p. 172, pl. XXXI, fig. 4.
1862. *Bathyporeia pelagica* Spence Bate, Cat. Amph. Crust. Brit. Mus., p. 174, pl. XXXI, f. 6.
1862. *Bathyporeia Robertsoni* Spence Bate, Cat. Amph. Crust. Brit. Mus., p. 173, pl. XXXI, f. 5.
1863. *Bathyporeia pilosa* Spence Bate et Westwood, Brit. sess. Eyed Crust. I, p. 304.
1863. *Bathyporeia pelagica* Spence Bate et Westwood, Brit. sess. Eyed Crust. I, p. 309.
1863. *Bathyporeia Robertsoni* Spence Bate et Westwood, Brit. sess. Eyed Crust. I, p. 307.
1868. *Bathyporeia pilosa* Norman, Rep. on dr. of Shetland, p. 284.
1870. *Bathyporeia pilosa* Boeck, Crust. Amph. bor. et artc., p. 46.
1875. *Bathyporeia pilosa* Stebbing, Ann. and Mag. of Nat. Hist., 4e sér., vol. XV, p. 74, pl. III.
1876. *Bathyporeia pilosa* Boeck, De Skand. og arktisk. Amphip., p. 209, pl. VII, f. 3.
1877. *Bathyporeia pilosa* Meinert, Nat. Tidssk., II B., 3 R., p. 99.
1881. *Bathyporeia Robertsoni* Giard, Compt.-R. de l'Acad., 17 oct.

1882. *Bathyporeia Robertsoni* G.-O. SARS, Vid. Selsk. Forh., p. 22.
1882. *Bathyporeia pilosa* G.-O. SARS, Vid. Selsk. Forh., p. 22.
1884. *Bathyporeia pilosa* CHEVREUX. Ass. pour l'av. des Sc., p. 314. Blois.

Hab. Wimereux, Concarneau, le Croisic.

Je l'ai trouvé assez rarement dans le sable fin de la baie de St-Laurent. Il est beaucoup plus commun à Wimereux dans le sable à *Echinocardium cordatum*. Comme dans le sable de Paington, près de Torquay, où l'a signalé STEBBING, il est accompagné de *Sulcator arenarius*, *Kroyera arenaria*, *Eurydice pulchra*, *Urothoe marinus*. Depuis le travail de STEBBING, on sait que les trois formes *B. pilosa*, *pelagica*, *Robertsoni*, qui se trouvent dans BATE et WESTWOOD, correspondent la première au mâle entièrement développé, la deuxième à la femelle, et la dernière au mâle encore jeune.

c. *Phoxinæ*.

Gen. UROTHOE DANA.

85. **Urothoe marina** SPENCE BATE.

1857. *Sulcator marinus* SPENCE BATE, Brit. Amph. Ann. nat. Hist., 2e sér. XIX, p. 140.
1862. *Urothoe marinus* SPENCE BATE, Cat. Amphip. Brit. Mus., p. 145, pl. XIX, f. 2.
1863. *Urothoe marinus* SPENCE BATE et WESTWOOD, Brit. sess. eyed Crust. I, p. 195.
1867. *Urothoe marinus* GRUBE, Mittheil. üb. St-Waast-la-Hougue, p. 119, t. I, f. 1.
1868. *Urothoe marinus* NORMAN, Rep. on dredg. Shetland, p. 279.
1876. *Urothoe marinus* GIARD, Compt-Rend. de l'Acad., 3 janv.
1877. *Urothoe marina* MEINERT, Nat. Tidssk., II B., 3 R., p. 107.
1884. *Urothoe marinus* CHEVREUX, Ass. p. l'av. des Sc. Blois, p. 313.

Hab. Wimereux, St-Waast la Hougue, Roscoff (GRUBE), Concarneau, le Croisic.

On le trouve fréquemment dans le sable fin, sur

l'*Echinocardium cordatum*, dont il est le commensal avec *Montacuta ferruginosa*. (Voir GIARD, *Compt. Rend. de l'Acad.* 3 janv. 1876.)

d. Ædicerinæ.

Gen. MONOCULODES STIMPSON.

86. **Monoculodes carinatus** SPENCE BATE.

1855. *Westwoodia carinata* SPENCE BATE, Brit. As. Rep., p. 58.
1857. *Kroyeria carinata* SPENCE BATE, Ann. nat. Hist., 2e sér. XIX, p. 140.
1859. *Ædiceros affinis* BRUZELIUS, Bidrag till kann. om Skand. Amph. gamm. Kgl. Vetensk. Akad. Handl., B. 3, p. 43.
1862. *Monoculodes carinatus* SPENCE Bate, Cat. Brit. Mus., p. 104, pl. XVII, f. 2.
1863. *Monoculodes carinatus* SPENCE BATE et WESTWOOD, Brit. sess. eyed Crust. I, p. 165.
1870. *Monoculodes affinis* BOECK, Crust. Amph. bor. et arct., p. 84.
1876. *Monoculodes affinis* BOECK, De Skand. og arktisk. Amphip., p. 265, pl. XIV, f. 6.
1882. *Monoculodes carinatus* G.-O. SARS, Vid. Selsk. Forh., p. 15.
1883. *Monoculodes carinatus* CHEVREUX. Assoc. pour l'av. des Sc. Rouen, p. 518.

Hab. Concarneau, le Croisic.

Cette espèce est très rare à Concarneau, je n'en ai trouvé que deux exemplaires dans un coup de drague par 50 mètres, au-delà de la Basse Rouge, dans du sable coquillier à *Amphioxus*.

Gen. PONTOCRATES BOECK.

87. **Pontocrates altamarina** SPENCE BATE et WESTWOOD.

1863. *Kroyera altamarina* SPENCE BATE et WESTWOOD, Brit. sess. eyed Crust. I, p. 77.
1868. *Kroyera altamarina* NORMAN, Rep. on dr. Shetland, p. 279.

Hab. Concarneau.

Cette espèce est très rare, je n'en ai jamais trouvé qu'un seul exemplaire dans le sable coquillier à *Amphioxus* (50 m., au-delà de la Basse Rouge.)

88. **Pontocrates norvegicus** BOECK.

1860. *Ædiceros norvegicus* BOECK, Forhandl. ved. de Skand. Naturf., p. 650.
1862 *Kroyera arenaria* SPENCE BATE, Cat. Amphip. Brit. Mus., p. 106, pl. XVII, f. 4.
1863. *Kroyera arenaria* SPENCE BATE, Tyneside Field. Nat. Club vol. IV, pt. 1, p. 15, pl. II, f. 1.
1863. *Kroyera arenaria* SPENCE BATE et WESTWOOD, Brit. sess. eyed Crust. I, p. 173.
1870. *Pontocrates norvegicus* BOECK, Cr. Amp. bor. et arkt., p. 91.
1876. *Pontocrates norvegicus* BOECK, De Skand og arktisk. Amp., p. 288, pl. XVI, f. 4.
1877. *Pontocrates norvegicus* MEINERT, Naturhist. Tidssk., II B., 3 R., p. 111.
1882. *Pontocrates norvegicus* G.-O. SARS, Vid. Selsk. Forh., p. 25.
1883. *Kroyera arenaria* CHEVREUX, Assoc. pour l'av. des Sciences. Rouen, p. 518.

Hab. Wimereux, Concarneau, le Croisic.

Assez rare à Concarneau ; je n'en ai trouvé que peu d'exemplaires, à marée basse, dans le sable de la baie de la Forest.

Il est beaucoup plus fréquent à Wimereux, où on le trouve lors des grandes marées avec *Bathyporeia pilosa.*

e. Dexaminæ.

Gen. DEXAMINE LEACH.

89. **Dexamine spinosa** MONTAGU.

1804. *Cancer gammarus spinosus* MONTAGU, Transact. of Linn., Soc. vol. XI, p. 3, t. II, f. 1.
1814. *Dexamine spinosa* LEACH, Edimb. Encycl., vol. VII, p. 433.
1815. *Dexamine spinosa* LEACH, Trans. of the Linn. Soc. XI, p. 358.
1825. *Dexamine spinosa* DESMAREST, Consid. sur les Crust., p. 263, pl. XLV, f. 6.

1830. *Amphitoe Marionis* MILNE-EDWARDS, Ann. des Sc. nat. XX, p. 375.
1837. *Dexamine spinosa* WHITE, Pop. Hist. Brit. Crust., p. 178, pl. X, f. 7.
1840. *Amphitoe Marionis* MILNE-EDWARDS, Hist. des Cr. III, p. 40.
1843. *Amphitoe tenuicornis* RATHKE, Faun. d. Norweg. Act. Leopold., t. XX, p. 77, tab. IV, f. 3.
1855. *Amphitoe spinosa* GOSSE, Marine zool., p. 144.
1857. *Amphitonotus Marionis* COSTA, R. sui Crost. Amfisp. d. reg. d. Napoli. Mém. d. real. acad. d. Sc. d. Nap., p. 195.
1859. *Dexamine tenuicornis* BRUZELIUS, Skand. Amph. gam., p. 79.
1862. *Dexamine spinosa* SPENCE BATE, Cat. Amphip. Crust. Brit. Mus., p. 130, pl. XXIV, f. 1.
1863. *Dexamine spinosa* SPENCE BATE et WESTWOOD, Brit. sess. eyed Crust. I, p. 237.
1868. *Dexamine spinosa* NORMAN, Rep. on dredg. Shetland, p. 280.
1870. *Dexamine spinosa* BOECK, Crust. Amph. bor. et arct., p. 107.
1876. *Dexamine spinosa* BOECK, De Skand. og arkt. Amph., p. 312, pl. XI, f. 5.
1877. *Dexamine spinosa* MEINERT, Naturhist. Tidssk., II B., 3 R., p. 113.
1880. *Dexamine spinosa* NEBESKI, Arb. aus dem zool. Inst. d. Univ. Wien, t. III, 2 h., p. 35.
1882. *Dexamine spinosa* G.-O. SARS, Vid. Selsk. Forh., p. 26.
1883. *Dexamine spinosa* CHEVREUX, Ass. pour l'av. des Sciences. Rouen, p. 518.
1886. *Dexamine spinosa* KŒHLER, Faun. litt. des îles Anglo-Norm., p. 60.

Hab. Wimereux, Fécamp (GIARD), îles Anglo Normandes, Concarneau, le Croisic.

C'est un des Amphipodes que l'on rencontre le plus souvent à marée basse, dans les touffes d'algues, surtout de *Corallina officinalis*. On ne le drague guère plus au-delà de 10 m. de profondeur.

90. **Dexamine tenuicornis** RATHKE.

1843. *Dexamine tenuicornis* RATHKE, Beitrag z. Faun. Norweg. Nov. Act. XX, p. 77, pl. XLIV, f. 3.
1851. *Dexamine tenuicornis* LILLJEBORG, Ofvers. of Kongl. Vet. Akad. Forhandl., p. 22.

1863. *Dexamine tenuicornis* SPENCE BATE et WESTWOOD, Brit. ses. eyed Crust., t. I, p. 240.
1868. *Dexamine tenuicornis* NORMAN, Rep. on dr. Shetland, p. 279.
1884. *Dexamine tenuicornis* CHEVREUX, Ass. p l'av. des Sciences. Blois, p. 313.

Non 1859. *Dexamine tenuicornis* BRUZELIUS, Skand. Amph. gamm. p. 79.

Hab. Concarneau, le Croisic.

J'ai dragué cette rare espèce par quelques mètres de profondeur, dans les Glénans, au sud de l'île Guiriden, dans le Maërl, avec *Melita gladiosa*, *Polyophthalmus pictus*, *Polygordius*, etc.

A marée basse, je l'ai trouvé à la côte dans les touffes de *Schizonema*, comme l'a indiqué CHEVREUX, au Croisic.

Gen. TRITAETA BOECK.

91. **Tritaeta gibbosa** SPENCE BATE.

1862. *Atylus gibbosus* SPENCE BATE, Catal. Amphip. Crust. Brit. Mus., p. 137, pl. XXVI, f. 3.
1863. *Atylus gibbosus* SPENCE BATE et WESTWOOD, Brit. sess. eyed Crust. I, p. 248.
1868. *Atylus gibbosus* NORMAN, Rep. on the Shetl. Crust., p. 280.
1870. *Lampra gibbosa* BOECK, Crust. Amph. bor. et arct., p. 108.
1876. *Tritaeta gibbosa* BOECK, De Skand, og Artisk. Amph., p. 318, pl. XII, f. 2.
1884. *Atylus gibbosus* CHEVREUX, Ass. p. l'av. des Sc. Blois, p. 314.

Hab. Wimereux, Concarneau, le Croisic.

Je l'ai trouvé, à Wimereux comme à Concarneau, dans *Halichondria panicea* où il se creuse des galeries. CHEVREUX l'indique comme dragué sur des Algues.

f. Atylinæ.

Gen. ATYLUS LEACH.

92. **Atylus Schwammerdamii** MILNE-EDWARDS.

1830. *Atylus Schwammerdamii* MILNE-EDWARDS, Ann. des Sc. nat., p. 378, t. XX.

1840. *Atylus Schwammerdamii* MILNE-EDWARDS, Hist. nat. des Crust. III, p. 35.
1852. *Amphitoe compressa* LILLJEBORG, Ofv. of Kongl. Vet. Akad. Forkandl., p. 8.
1857. *Dexamine gordoniana* SPENCE BATE, Ann. and Mag. of Nat. Hist., 2e sér., XIX, p. 142.
1857. *Dexamine gordoniana* WHITE, Pop. Hist. Brit. Cr., p. 178.
1859. *Paramphitoe compressa* BRÜZELIUS, Skand. Amp. gam., p. 72.
1860. *Epidesura compressa* BOECK, Forh. v. det. Skand. Naturf., p. 659.
1862. *Dexamine Langhrini* SPENCE BATE, Cat. Amph. Crust. Brit. Mus., p. 132, pl. XXIV, f. 3.
1862. *Atylus Schwammerdamii* SPENCE BATE, Cat. Amph. Crust. Brit. Mus., p. 136, pl. XXVI, f. 2.
1862. *Atylus compressus* SPENCE BATE, Cat. Amph. Crust. Brit. Mus., p. 142.
1863. *Atylus Schwammerdamii* SPENCE BATE et WESTWOOD, Brit. sess. eyed Crust. I, p. 246.
1868. *Atylus Schwammerdamii* NORMAN, Rep. on dredg. Shetland, p. 274.
1870. *Atylus Schwammerdamii* BOECK, Crust. Amp. bor. et arct., p. 111.
1876. *Atylus Schwammerdamii* BOECK, De Skand. og artisk. Amp., p. 328, pl. XXI, f. 5; pl. XXII, f. 1.
1877. *Atylus Schwammerdamii* MEINERT, Naturh. Tidssk., II B., 3 R., p. 116.
1880. *Atylus Schwammerdamii* HOEK, Tydsch. de Ned. Dierk. Veeren. Deel IV, p. 134, t. X, f. 1-6.
1882. *Atylus Schwammerdamii* G.-O. SARS, Vid. Sel. Forh., p. 26.
1883. *Atylus Schwammerdamii* CHEVREUX, Assoc. pour l'av. des Sc., p. 518, Rouen.
1886. *Atylus Schwammerdamii* KŒHLER, Faun. litt. des îles Angl.-Norm., p. 60.

Hab. Wimereux, îles Anglo Normandes, Concarneau, le Croisic.

Ce petit amphipode est commun à la côte dans les Algues ; on le drague jusqu'à une vingtaine de mètres.

93. **Atylus Vedlomensis** SPENCE BATE.

1862. *Dexamine Vedlomensis* SPENCE BATE, Cat. Amphip. Brit. Mus., p. 376.

1863. *Dexamine Vedlomensis* SPENCE BATE et WESTWOOD, Brit. sess. Eyed Crust. I, p. 242.
1868. *Dexamina Vedlomensis* NORMAN, Rep. on dr. Shetland, p. 279.
1870. *Atylus Vedlomensis* BOECK, Crust. Amp. bor. et arct., p. 112.
1875. *Atylus Vedlomensis* BOECK, De Skand. og artisk. Amphip., p. 330, pl. IX, fig. 9; pl. XI, f. 6.
1883. *Dexamine Vedlomensis* CHEVREUX, Assoc. pour l'av. des Sc. Rouen, p. 518.

Hab. Concarneau, le Croisic.

Très rarement dragué dans la baie de la Forest par 15 m. environ.

Gen. HALIRAGES BOECK.

94. **Halirages bispinosus** SPENCE BATE.

1857. *Dexamine bispinosa* SPENCE BATE, Ann. nat. Hist., 2e sér. XIX, p. 142.
1857. *Dexamine bispinosa* WHITE, Pop. Hist. Brit. Crust., p. 178.
1858. *Amphitoe macrocephala* SARS, Overs. over. norsk. ar. Krebs. Forh. i. Vid. selsk i Christ., p. 142.
1859. *Paramphitoe elegans* BRUZELIUS, Skand. Amphip. gamm., p. 75, f. 14.
1860. *Amphitopsis elegans* BOECK, Forh. ved. de Skand. Nat., p. 662.
1862. *Amphitoe macrocephala* SPENCE BATE, Catal. Amph. Crust. Brit. Mus., p. 381.
1862. *Pherusa elegans* SPENCE BATE, Cat. Amphip. Crust. Brit. Mus., p. 377.
1862. *Atylus bispinosus* SPENCE BATE, Cat. Amph. Cr. Brit. Mus., p. 140, pl. XXVII, f. 1.
1863. *Atylus bispinosus* SPENCE BATE et WESTWOOD, Brit. sess. Eyed Crust. I, p. 250.
1868. *Atylus bispinosus* NORMAN, Rep. on dredg. Shetland, p. 279.
1870. *Halirages bispinosus* BOECK, Cr. Amph. bor. et arct., p. 115.
1876. *Halirages bispinosus* BOECK, De Skand. og artisk. Amph., p. 338, pl. XXIII, f. 9.
1877. *Halirages bispinosus* MEINERT, Naturhist. Tidssk., II B., 3 R., p. 117.
1882. *Halirages bispinosus* G.-O. SARS, Vid. Selsk. Forh., p. 27.
1883. *Atylus bispinosus* CHEVREUX, Assoc. pour l'av. des Sciences. Rouen, p. 518.
1886. *Atylus bispinosus* KŒHLER, F. litt. des îles Angl.-Norm., p. 60.

Hab. Iles Anglo-Normandes, Concarneau, baie de Quiberon, le Croisic.

Très rare à Concarneau; je ne l'ai dragué qu'une fois dans une touffe de *Corallina officinalis*, près Beg Meil, dans la baie de la Forest.

g. Gammarinæ.

Gen. GAMMARUS Fabricius.

95. **Gammarus locusta** Linné.

1745. *Cancer macrourus, thorace articulato, cæruleus* Linné, Gothl. resa, p. 260.
1746. *Cancer locusta* Linné, Fauna suecica, Edit. 2.
1767. *Cancer locusta* Linné, Syst nat., Edit. XII, p. 1055.
1780. *Ouiscus pulex* Fabricius, Fauna Groënl., p. 254.
1793. *Gammarus locusta* Fabricius, Entom. suppl. II, p. 516.
1804. *Cancer gammarus locusta* Montagu, Linn. Trans. IX, p. 92, t. 4, f. 1.
1814. *Gammarus locusta* Leach, Edimb. Enc. Art. Cr. VII, p. 403
1815. *Gammarus locusta* Leach, Linn. Trans. XI, p. 359.
1820. *Gammarus arcticus* Scoresby, on account of the arct. Reg. I, p. 451, tab. XVI, f. 4.
1824. *Gammarus boreus* Sabine, Suppl. to the App. of Parry's first voy., p. 229.
1825. *Gammarus locusta* Desmarest, Consid. sur les Cr., p. 267.
1830. *Gammarus locusta* Milne-Edwards, Ann. des Scienc. nat., p. 369, t. XX.
1834. *Gammarus boreus* Owen, App. to sir. T. Ross sec. voy., p. 88.
1835. *Gammarns boreus* Ross, App. to Parry's third. voy., p. 119.
1836. *Gammarus locusta* Templeton, The Mag. of Nat. Hist. and Journ. of Zool., p. 12, IX.
1837. *Gammarus locusta* Owen, App. to sir F. Ross sec. voy.
1837. *Gammarus locusta* Rathke, Beitrag z. faun. d. Krym., p. 372, pl. V, f. 11.
1838. *Gammarus locusta* Kroyer, Gronl. Amph. Vid. selsk. Afh. VII, p. 255.
1840. *Gammarus locusta* Milne-Edwards, Hist. nat. des Crust. III, p. 44.
1841. *Gammarus locusta* Gould, Rep. on the Invert. Anim. of Massach.
1843. *Gammarus locusta* Rathke, Act. Acad. Leop. XX, p. 67.

1844. *Gammarus locusta* KRØYR, Nat. Tidssk. i. R. II, p. 258.
1844. *Gammarus locusta* ZADDACH, Syn. Crust. Russ. Prod., p. 4
1850. *Gammarus locusta* WHITE, Cat. Brit. Mus., p. 51.
1851. *Gammarus Duebeni* LILLJEBORG, Ofv. af Kgl. Vet. Akad. Forh., p. 22.
1851. *Gammarus Sitchensis* BRANDT, Middendorf. Siber. Reise, II part., p. 133.
1852. *Gammarus locusta* LILLJEBORG, Ofv. af Kgl. Vet. Acad. Forh., p. 82.
1853. *Gammarus locusta* LILLJEBORG, Kgl. Vet. Akad., Forh., p. 448.
1853. *Gammarus mutatus* LILLJEBORG, Kgl. Vet. Ak., Forh., p. 447.
1855. *Gammarus locusta* GOSSE, Marine zool. I, p. 141, f. 257.
1856. *Gammarus locusta* COSTA, Sui Crost. Amfip. del reg. di Nap., p. 214.
1857. *Gammarus locusta* SPENCE BATE, Ann. aud Mag. of Nat. Hist., 2e sér. XIX, p. 141.
1858. *Gammarus locusta* SARS, Forh. i Vid. selsk. i Christ., p. 145.
1859. *Gammarus locusta* BRUZELIUS, Skand. Amph. gamm., p. 52.
1862. *Gammarus locusta* SPENCE BATE, Cat. Amph. Brit. Mus., p. 206, pl. 36, f. 6.
1863. *Gammarus locusta* SPENCE BATE et WESTWOOD, Brit. sess. eyed Crust. I, p. 379.
1865. *Gammarus locusta* GOES, Cr. Amph. Marine Spetsb., p. 14.
1867. *Gammarus locusta* WHITE, Hist. Brit. Crust., p. 182.
1868. *Gammarus locusta* GRUBE, Mitth. über St-Malo und Roscoff, p. 139.
1870. *Gammarus locusta* BOECK, Crust. Amp. bor. et art., p. 124.
1876. *Gammarus locusta* BOECK, De Skand og arkt. Amph., p. 366.
1881. *Gammarus locusta* DELAGE, Arch. de zool. exp. IX, p. 153.
1883. *Gammarus locusta* CHEVREUX, Ass. p. l'av. des Sc.. p. 518.
1886. *Gammarus locusta* KŒHLER, Faun. litt. des îles Anglo-Norm., p. 60.

Hab. Toutes les côtes rocheuses de l'Océan.

Très fréquent à marée basse; cet amphipode est littoral car on ne le drague plus guère à partir de 10 m.

96. **Gammarus marinus** LEACH.

1815. *Gammarus marinus* LEACH, Linn. Trans. XI, p. 359.
1825. *Gammarus marinus* DESMAREST, Consid. sur les Cr., p. 276.
1830. *Gammarus Olivii* MILNE-EDWARDS, Ann. Sc. nat. XX, p. 369, pl. X, f. 9.

1837. *Gammarus gracilis* RATHKE, Mém. de l'Ac. Imp. des Sc. de St-Pétersb., p. 291, t. 4, f. 7-10.
1840. *Gammarus Olivi* MILNE-EDWARDS, H. nat. des Cr. III, p. 47.
1840. *Gammarus affinis* MILNE-EDWARDS, H. nat. des Cr. III, p. 47.
1843. *Gammarus pœcilurus* RATHKE, Nov. Act. Acad. Leop. XX, p. 68, t. 4, f. 2.
1843. *Gammarus Kroyeri* RATHKE, Nov. Act. Acad. Leop. XX, p. 69, t. 4, f. 1.
1850. *Gammarus marinus* WHITE, Cat. Brit. Crust., p. 52.
1854. *Gammarus pœcilurus* LILLJEBORG, Ofv. af Kgl. Vet. Akad. Forh., p. 450.
1855. *Gammarus pœcilurus* LILLJEBORG, Ofv. af Kgl. Vet. Akad. Forh., p. 124.
1855. *Gammarus gracilis* SPENCE BATE, Brit. Assoc. Rep.
1856. *Gammarus marinus* COSTA, Sui Cr. del Reg. di Nap., p. 214.
1857. *Gammarus gracilis* SPENCE BATE, Ann. nat. Hist., 2e sér. XIX, p. 144.
1859. *Gammarus pœcilurus* BRUZELIUS, Skand. Amp. gam., p. 54.
1862. *Gammarus marinus* SPENCE BATE, Cat. Amph. Crust. Brit. Mus., p. 215, pl. 38, f. 4.
1863 *Gammarus marinus* SPENCE BATE et WESTWOOD, Brit. sess. Eyed Crust. I, p. 370.
1867. *Gammarus gracilis* WHITE, Pop. Hist. Brit. Crust., p. 184.
1868. *Gammarus marinus* GRUBE, Mitth. über St-Malo und Roscoff, p. 139.
1870. *Gammarus marinus* BOECK, Cr. Amp. bor. et arct., p. 125.
1876. *Gammarus marinus* BOECK, De Skand og arkt. Amp., p. 369.
1881. *Gammarus affinis* DELAGE, Arch. de Zool. expér. IX, p. 153.
1883. *Gammarus marinus* CHEVREUX, Assoc. pour l'av. des Sc. Rouen, p. 519.
1886. *Gammarus marinus* KŒHLER, Faun. litt. des îles Anglo-Norm., p. 60.

Hab. Wimereux, îles Anglo Normandes, St-Malo, Roscoff, Concarneau, le Croisic.

Il est très commun avec le *G. locusta*. Il se tient à l'extrême limite de la haute mer où on le trouve en énorme quantité dans les flaques d'eau de mer.

97. **Gammarus pulex** PENNANT.

1752. *Squille puce* DE GEER, Mém. p. servir à l'hist. des Insectes, t. VII, p. 525, pl. 33.
1777. *Cancer pulex* PENNANT, Brit. zool., vol. IV, p. 17.

1825. *Gammarus pulex* DESMAREST, Consid. sur les Crust., p. 266, t. 45, f. 8.
1825. *Gammarus pulex* BRÉBISSON, Cat. des Cr. du Calvados, p. 26.
1832. *Gammarus pulex* ZENKER, De gamm. pulice.
1832. *Gammarus pulex* BOUCHARD-CHANTEREAUX, Crust. du Boulonnais, p. 129.
1835. *Gammarus pulex* GERVAIS, An. d. Sc. nat., 2ᵉ sér., IV, p. 128.
1836. *Gammarus pulex* TEMPLETON, The Mag. of nat. Hist. and Journ. of Zoöl., vol. IX, p. 12.
1840. *Gammarus fluviatilis* MILNE-EDWARDS, Hist. nat. des Crust. III, p. 42.
1844. *Gammarus fluviatilis* ZADDACH, Syn. Cr. Pruss. Prodr., p. 6.
1850. *Gammarus pulex* HOSIUS, Wiegmans Arch. f. Naturg., t. I, p. 233.
1853. *Gammarux pulex* LILLJEBORG, Kgl. Vet. Akad. Handl., p. 449.
1859. *Gammarus pulex* BRUZELIUS, Skand. Amph. gamm., p. 54.
1862. *Gammarus pulex* SPENCE BATE, Cat. Amph. Crust. Brit. Mus., p. 205, pl. XXXIII, f. 4.
1863. *Gammarus pulex* SPENCE BATE et WESTWOOD, Brit. sess. eyed Crust. I, p. 388.
1870. *Gammarus pulex* BOECK, Crust. Amph. bor. et arct., p. 125.
1876. *Gammarus pulex* BOECK, De Skand. og artisk. Amp., p. 373, pl. XXIV, f. 7.
1883. *Gammarus fluviatilis* CHEVREUX, Assoc. pour l'av. des Sc. Rouen, p. 519.

Hab. Très commun dans les eaux douces.

Gen. MÆRA LEACH.

98. **Mæra grossimana** MONTAGU.

1804. *Cancer grossimanus* MONTAGU, Linn. Trans. IX, t. IV, f. 5.
1814. *Mæra grossimana* LEACH, Edimb. Encycl. VII, p. 403.
1815. *Mæra grossimana* LEACH, Linn. Trans. XI, p. 359.
1825. *Mæra grossimana* DESMAREST, Consid. sur les Cr., p. 265.
1830. *Gammarus Impostii* MILNE-EDWARDS, Ann. des Sc. nat., t. XX, p. 368.
1840. *Gammarus Impostii* MILNE-EDWARDS, Hist. des Cr. III, p. 49.
1840. *Gammarus grossimanus* MILNE-EDWARDS, Hist. nat. des Cr. III, p. 54.
1855. *Gammarus grossimanus* GOSSE, Mar. zool. I, p. 141.
1857. *Gammarus grossimanus* SPENCE BATE, Ann. nat. Hist. XX, p. 368.

1862. *Mæra grossimana* Spence Bate, Cat. Amph. Brit. Mus., p. 188, pl. 34, f. 3.
1863. *Mæra grossimana* Spence Bate et Westwood, Brit. sess. eyed Crust. I, p. 350.
1881. *Mæra grossimana* Delage, Arch. de zool. exp. IX, p. 158.
1883. *Mæra grossimana* Chevreux, Ass. pour l'av. des Sc. Rouen, p. 518.
1886. *Mæra grossimana* Kœhler, F. litt. des îles Ang.-Norm., p. 60.

Hab. Iles Anglo Normandes, Roscoff, Concarneau, le Croisic.

Je l'ai dragué très rarement sur le sable, par une dizaine de mètres, entre les îles Glénans.

Gen. GAMMARELLA Spence Bate.

99. **Gammarella brevicaudata** Milne-Edwards.

1830. *Gammarus brevicaudatus* Milne-Edwards, Ann. des Sc. nat., t. XX, p. 369.
1840. *Gammarus brevicaudatus* Milne-Edwards, Hist. nat. des Crust. III, p. 53.
1853. *Gammarus punctimanus* Costa, Mém. Real. Acad. d. Sc. di Napoli, vol. I, t. III, f. 6.
1857. *Gammarella orchestiformis* Spence Bate, Annal. nat. Hist. XIX, p. 143.
1862. *Gammarella brevicaudata* Spence Bate, Cat. Amph. Crust. Brit. Mus., p. 180, pl. XXXII, f. 8.
1863. *Gammarellus brevicaudata* Spence Bate et Westwood, Br. sess. eyed. Crust. I, p. 330.
1863. *Gammarella Normanni* Spence Bate et Westwood, Brit. sess. eyed Crust. I, p. 333.
1868. *Gammarella brevicaudata* Grübe, Mittheil. über St-Malo und Roscoff, p. 139.
1880. *Gammarella brevicaudata* Nebeski, Arb. aus dem Zool. Inst. d. Univ. Wien, t. III, 2 h, p. 36.
1881. *Gammarella sp.* Delage, Arch. de zool. exp. IX, p. 154.
1884. *Gammarella brevicaudata* Chevreux, Assoc. pour l'av. des Sciences. Blois, p. 314.
1886. *Gammarella longicornis* Kœhler, Faun. litt. des îles Anglo-Norm., p. 60.

Hab. Iles Anglo-Normandes, Roscoff, Concarneau, Morbihan, le Croisic.

Commun à marée basse, dans les touffes de *Corallina officinalis*, et sous les pierres, particulièrement sur la plage de l'île Drenec.

Le mâle de cette espèce présente, comme caractère le différenciant de l'autre sexe, des antennes internes dont le flagellum, beaucoup plus considérable que celui de la femelle, est deux ou trois fois aussi long que le pédoncule ; de plus le deuxième gnathopode a le *propodite* plus réduit et semblable à l'article correspondant du premier gnathopode, comme cela se présente dans d'autres espèces du même genre (*G. pubescens*, DANA).

On voit donc que *Gammarella Normanni* SPENCE BATE et WESTWOOD, n'est que le mâle de la présente espèce, comme d'ailleurs les deux auteurs anglais l'avaient pressenti.

La *Gammarella* indéterminée de DELAGE, qui ne diffère que par la longueur du flagellum des petites antennes et par ce que les deux gnathopodes sont semblables, est donc aussi le mâle, qu'il a pris pour la femelle.

Enfin, *G. longicornis* KŒHLER, que cet auteur a trouvé dans les prairies de Zostères des îles Anglo Normandes, présente des antennes supérieures qui ont les trois articles du pédoncule aussi longs que dans *G. brevicaudata*, mais dont le flagellum est deux et même trois fois aussi long que le pédoncule : elle correspond donc aussi à la forme mâle. Ce qui vient confirmer cette identification, c'est que l'exemplaire unique de *G. brevicaudata* mâle (*G. Normanni*) que SPENCE BATE et WESTWOOD ont décrit, provenait de Guernesey, où il avait été dragué sur les Zostères par le Rev. NORMAN.

Gen. MELITA LEACH.

100. **Melita gladiosa** SPENCE BATE.

1862. *Melita gladiosa* SPENCE BATE, Cat. Amph. Brit. Mus., p. 185, pl. 33, f. 6.

1863. *Melita gladiosa* SPENCE BATE et WESTWOOD, Brit. sess. eyed Crust. I, p. 346.

1876. *Melita gladiosa* STEBBING, Ann. of Nat. Hist. (Janv.)
1883. *Melita gladiosa* CHEVREUX, Assoc. pour l'av. des Sciences. Rouen, p. 518.

Hab. Concarneau, Belle-Ile.

On le drague très communément dans le Maërl à *Amphioxus*, à une dizaine de mètres de profondeur, par le travers de Guiriden, aux Glénans.

101. **Melita obtusata** MONTAGU.

1815. *Cancer obtusatus* MONTAGU, Tr. Linn. soc. IX, p. 5, t. 2, f. 7.
1830. *Amphitoe obtusata* MILNE-EDWARDS, Ann. des Sc. nat. XX, p. 377.
1840. *Amphitoe obtusata* MILNE-EDWARDS, H. nat. des Cr. III, p. 83.
1855. *Amphitoe obtusata* GOSSE, Mar. zool. I, p. 141.
1852. *Gammarus maculatus* LILLJEBORG, Ofv. af Kongl. Vet. Akad. Forh., p. 10.
1853. *Gammarus maculatus* LILLJEBORG, Ofv. af Kongl. Vet. Akad. Forh., p. 138.
1854. *Gammarus obtusatus* LILLJEBORG, Ofv. af Kongl. Vet. Akad. Forh, p. 452.
1859. *Gammarus obtusatus* BRUZELIUS, Skand. Amp. gamm., p. 55.
1862. *Melita proxima* SPENCE BATE C. Cr. Amph. Br. Mus., p. 184.
1862. *Melita obtusata* SPENCE BATE, C. Cr. Amp. Br. Mus., p. 183.
1862. *Magamœra Alderi* SPENCE BATE, Cat. Crust. Amph. Brit. Mus., p. 228, pl. XL, f. 1.
1863. *Melita obtusata* SPENCE BATE et WESWOOD, Brit. sess. eyed Crust. I, p. 341.
1863. *Megamœra Alderi* SPENCE BATE et WESTWOOD, Br. ses. ey. Crust. I, p. 407.
1867. *Amphitoe obtusata* WHITE, Hist. Brit. Crust., p. 201.
1868. *Melita obtusata* NORMAN, Rep. on the Shetland Crust., p. 284.
1870. *Melita obtusata* BOECK, Crust. Amph. bor. et arct., p. 130.
1876. *Melita obtusata* BOECK, De Skand. og arktisk. Amp., p. 386.
1877. *Melita obtusata* MEINERT, Natur. Tidssk., II B., 3 R., p. 126.
1882. *Melita obtusata* G.-O. SARS, Vid. Selsk. Forh., p. 28.
1883. *Melita obtusata* CHEVREUX, As. p. l'av. des Sc. Rouen, p. 518.
1884. *Megamœra Alderi* CHEVREUX, Assoc. pour l'av. des Sciences. Blois, p. 314.

Hab. Concarneau, baie de Quiberon, le Croisic.

Je n'ai trouvé de cette espèce qu'un seul exemplaire dans des algues arrachées du fond, par 30 mètres.

102. **Melita palmata** MONTAGU.

1806. *Cancer palmatus* MONTAGU, Tr. Linn. VII, p. 69, t. VI, f. 4.
1813. *Melita palmata*, LEACH, Eimb. Encycl. VII, p. 403.
1815. *Melita palmata* LEACH, Trans. Linn. soc., p. 358.
1825. *Melita palmata* DESMAREST, Consid. sur les Crust., p. 264, pl. 45, f. 7.
1825. *Melita palmata* BREBISSON, Crust. du Calvados, p. 27.
1830. *Gammarus Dugesii* MILNE-EDWARDS, Ann. des Sciences nat. XX, p. 368.
1832. *Melita palmata* BOUCHARD-CHANTEREAUX, Crust. du Boulonnais, p. 129.
1840. *Gammarus Dugesii* MILNE-EDWARDS, Hist. des Cr. III, p. 54.
1840. *Gammarus palmatus* MILNE-EDWARDS, Hist. des Cr. III, p. 55.
1844 *Gammarus Dugesii* ZADDACH, Synop. Crust. Pruss., p. 6.
1847. *Gammarus palmatus* FREY und LEUKART, Beit. z. Kennt. virbell. Thiere, p. 162.
1854. *Gammarus palmatus*. LILLJEBORG, Ofv. of Kongl. Vet. Akad. Forhandl., p. 453.
1855. *Gammarus palmatus* SPENCE BATE, Brit. Ass. Rep., p. 58.
1856. *Melita palmata* COSTA, R. sui Crost. Amfip. del reg. di Napoli, p. 192, pl. II, f. 4.
1857. *Gammarus palmatus* SPENCE BATE, Ann. nat. Hist., 2e sér. XIX, p. 144.
1857. *Gammarus inæquimanus* SPENCE BATE, Synopsis, Ann. nat. Hist., 2e sér. XIX, p. 145.
1859. *Gammarus palmatus* BRUZELIUS, Skand. Amp. gamm., p. 56.
1862. *Melita palmata* SPENCE BATE, Cat. Amp. Crust. Brit. Mus., p. 182, pl. XXXIII, f. 2.
1863. *Melita palmata* SPENCE BATE et WESTWOOD, Brit. sess. Ey. Crust. I, p. 337.
1867. *Gammarus palmatus* WHITE, Hist. Brit. Crust., p. 184.
1867. *Gammarus inaquimanus* WHITE, Hist. Brit. Crust., p. 403.
1868. *Melita palmata* GRUBE, Mittheil. über St-Malo und Roscoff, p. 139.
1870. *Melita palmata* BOECK, Crust. Amp. bor. et arct., p. 129.
1876. *Melita palmata* BOECK, De Skand. og arkstik. Amph., p. 388, pl. XXIV, f. 4.
1877. *Melita palmata* MEINERT, Natur. Tidssk., II B., 3 R., p. 129.
1880. *Melita palmata* NEBESKI, Arb. aus dem Zool. Inst. d. Univ. Wien, t. III, 2 h., p. 36.

1881. *Melita palmata* DELAGE, Arch. de zool. exp. IX, p. 154.
1883. *Melita palmata* CHEVREUX, Ass. p. l'av. des Sc. Rouen, p. 518.
1886. *Melita palmata* KŒHLER, F. litt. des îles Ang.-Norm., p. 60.

Hab. Le Boulonnais, le Calvados, Saint-Vaast la Hougue (GRUBE), îles Anglo-Normandes, Roscoff, Concarneau, le Croisic.

On trouve ce petit crustacé, à marée basse, sous les pierres, à un niveau assez élevé.

Gen. ELASMOPUS COSTA.

103. **Elasmopus latipes** BOECK.

1870. *Elasmopus latipes* BOECK, Cr. Amph. bor. et arct., p. 132.
1876. *Elasmopus latipes* BOECK. Skand. og arkt. Amphip., p. 393, pl. XXIV, f. 1.
1882. *Elasmopus latipes* G.-O. SARS, Vid. Selsk. Forh., p. 28.
1887. *Elasmopus latipes* CHEVREUX, Compt.-Rend. de l'Ac., 3 janv.

Hab. Concarneau, le Croisic.

Je n'ai trouvé qu'un exemplaire de cette espèce sur un *Maïa squinado* des grandes profondeurs; d'après CHEVREUX, cet amphipode serait absolument commensal de ce crabe avec *Isæa Montagui* M. EDWARDS

Gen. AMATHILLA SPENCE BATE et WESTWOOD.

104. **Amathilla Sabini** LEACH.

1819. *Gammarus Sabini* LEACH, App. to Ross's first voy. Edit. II, p. 178.
1830. *Gammarus Sabini* MILNE-EDWARDS, A. d. Sc. nat. XX, p. 368.
1835. *Gammarus Sabini* ROSS, App. to Parry's third voy., p. 118.
1835. *Gammarus Sabini* OWEN, App. to Ross's sec. voy., p. 89.
1838. *Gammarus Sabini* KROYER, Gronland's Amphip. D. Ved. selsk. Afh., p. 16, t. I, f. 8-11.
1840. *Gammarus Sabini* MILNE-EDWARDS, Hist. nat. des Crust. III, p. 50.
1843. *Gammarus Sabini* RATHKE, Acta Acad. Leop. XX, p. 71.
1843. *Gammarus angulosus* RATHKE, Acta Acad. Leop. XX, p. 72, t. III, f. 3.

1844. *Gammarus Sabini* KROYER, Nath. Hidsskr. I. R. II, p. 257.
1847. *Gammarus Sabini* WHITE, Cat. Crust. Brit. Museum.
1847. *Gammarus Sabini* FREY und LEUKART, Beit. z. Kennt. d. Wirbel. Thiere, p. 261.
1847. *Dexamine carino-spinosa* WHITE, Cat. Crust. Brit. Mus.
1847. *Amathia carino-spinosa* WHITE, Cat. Crust. Brit. Mus.
1850. *Amathia carino-spinosa* WHITE, Cat. Cr. Brit. Mus., p. 178.
1850. *Dexamine carino-spinosa* WHITE, Cat. Crust. Brit. Mus.
1853. *Gammarus Sabini* LILLJEBORG, Ofv. of Kgl. Vet. Akad. Forhandl., p. 447.
1854. *Gammarus Sabini* STIMPSON, Mar. Invert. Gr. Manan, p. 54.
1855. *Gammarus Sabini* BELL, App. Belcher's last arct.voy., p.404.
1855. *Amathia carinata* SPENCE BATE, Brit. Assoc. Rep., p. 58.
1855. *Amphitoe Moggridgei* SPENCE BATE, Ann. nat. Hist., 2e sér. VII, p. 318, pl. X, f. 10.
1855. *Amphitoe Moggridgei* GOSSE, Mar. Zool., p. 141.
1855. *Amphitoe carino-spinosa* GOSSE, Mar. Zool., p. 141.
1857. *Amathia carinata* WHITE, Hist. Brit. Crust., p. 182.
1857. *Amathia carinata* SPENCE BATE, Ann. nat. Hist., 2e sér. XIX, p. 143.
1857. *Dexamine carino-spinosa* WHITE, Hist. Brit. Crust., p. 178.
1858. *Gammarus Sabini* SARS, Forh. i Christ., Ved. selsk., p. 145.
1859. *Gammarus Sabini* BRUZELIUS, Skand. Amp. gamm., p. 50.
1862. *Amathia Sabini* SPENCE BATE, Cat. Amphip. Crust. Brit. Mus., p. 197.
1862. *Amathia carino-spinosa* SPENCE BATE, Cat. Amph. Crust. Brit. Mus., p. 199, pl. XXXV, f. 11.
1862. *Grayia imbricata?* SPENCE BATE, Cat. Amph. Crust. Brit. Mus., p. 101, pl. XVI, fig. 4.
1863. *Amathilla Sabini* SPENCE BATE et WESTWOOD, Brit. sess. eyed. Crust. I, p. 361.
1863. *Grayia imbricata?* SPENCE BATE et WESTWOOD, Brit. sess. Eyed Crust. I, p. 152.
1865. *Gammarus Sabini* GOES, Crust. Amph. Maris Spetsb., p. 15.
1868. *Amathilla Sabini* NORMAN, Rep. on the Shetland Cr., p. 284.
1870. *Amathilla Sabini* BOECK, Crust. Amph. bor. et arct., p. 136.
1876. *Amathilla Sabini* BOECK, De Skand. og arktisk. Amp., p. 406
1877. *Amathilla Sabini* MEINERT, Naturhist. Tidssk., II B., 3 R., p. 132.
1882. *Amathilla Sabini* G.-O. SARS, Vid. Selsk. Forh., p. 29.
1883. *Amathilla Sabini* CHEVREUX, Assoc. pour l'av. des Sciences. Rouen, p. 518.
1886. *Amathilla Sabini* KŒHLER, F. litt. des îles Ang.-Norm., p. 60.

Hab. Iles Anglo-Normandes, Concarneau, le Croisic.

Je l'ai trouvé assez rarement sur les plages de sable des îles Glénans.

4. Leucothoidæ.

a. *Stenothoinæ.*

Gen. STENOTHOE DANA.

105. **Stenothoe marina** SPENCE BATE.

1855. *Montagua marina* SPENCE BATE, Brit. Assoc. Rep., p. 57.
1857. *Montagua marina* SPENCE BATE, Ann. nat. Hist. XIX, p. 137.
1857. *Montagua marina* WHITE, Pop. Hist. Brit. Crust., p. 166.
1860. *Stenothoe Danai* BOECK, Forh. Ved. de Skand. Nat., p. 655.
1862. *Montagua marina* SPENCE BATE, Cat. Amph. Crust. Brit. Mus., p. 56, pl. VIII, f. 5.
1863. *Montagua marina* SPENCE BATE et WESTWOOD, Brit. sess. eyed Crust. I, p. 58.
1868. *Probolium marinum* NORMAN, Rep. on the Shetl. Cr., p. 273.
1870. *Stenothoe marina* BOECK, Crust. Amph. bor. et arct., p. 59.
1876. *Stenothoe marina* BOECK, De Skand. og arktisk. Amphip., p. 447, pl. XVII, f. 2.
1882. *Stenothoe marina* G.-O. SARS, Vid. Selsk. Forh., p. 24.
1886. *Montagua marina* KŒHLER, F. litt. des îles Ang.-Norm., p. 60.

Hab. Wimereux, Iles Anglo-Normandes, Concarneau.

Je n'ai trouvé qu'une fois ce rare amphipode sur une coquille de *Pecten maximus*, draguée dans la baie de Concarneau par 20 mètres.

106. **Stenothoe monoculoïdes** MONTAGU.

1815. *Cancer gammarus monoculoïdes* MONTAGU, Trans. Linn. soc. XI, p. 4, pl. 2, f. 3.
1830. *Typhis monoculoïdes ?* MILNE-EDWARDS, Ann. des Sc. nat., t. XX.
1840. *Typhis monoculoïdes* MILNE-EDWARDS, H. nat. des Cr., p. 98.
1850. *Typhis monoculoïdes* WHITE, Cat. Brit. Crust., p. 58.
1855. *Typhis monoculoïdes* GOSSE, Mar. Zool., p. 140, f. 252.
1855. *Montagua monoculoïdes* SPENCE BATE, Brit. Ass. Rep., p. 57.
1857. *Montagua monoculoïdes* SPENCE BATE, Ann. nat. Hist. XIX, p. 137.

1862. *Montagua monoculoïdes* SPENCE BATE, Cat. Amph. Crust. Brit., p. 55, pl. VIII, f. 4.
1863. *Montagua monoculoïdes* SPENCE et WESTWOOD, Brit. sess. eyed Crust. I, p. 273.
1868. *Probolium monoculoïdes* NORMAN, Rep. on the Shetland Crust., p. 273.
1870. *Stenothoe monoculoïdes* BOECK, Cr. Amp. bor. et artict., p. 60.
1876. *Stenothoe monoculoïdes* BOECK, De Skand. og arktisk. Amp. p. 449, pl. XVII, f. 1.
1877. *Stenothoe monoculodes* MEINERT, Naturhist. Tidssk., II B., 3 R., p. 107.
1881. *Montagua monoculoïdes* DELAGE, Arc. de zool. exp. IX, p. 154.
1882. *Stenothoe monoculodes* G.-O. SARS, Vid. Selsk. Forh., p. 23.
1884. *Montagua monoculoïdes* CHEVREUX, Assoc. pour l'av. des Sc. Blois, p. 313.
1886. *Montagua monoculoïdes* KŒHLER, Faun. litt. des îles Angl. Norm., p. 60.

Hab. Les îles Anglo-Normandes, Roscoff, Concarneau, le Croisic.

J'ai surtout trouvé cette espèce sur les *Cynthia rustica* qui tapissent la face inférieure des gros rochers de Men Cren et Penn ar vas hir. Je l'ai aussi draguée dans la baie de La Forest et dans celle de Concarneau, jusqu'à 20 à 25 mètres.

b. Leucothoinæ.

Gen. LILLJEBORGIA SPENCE BATE.

107. **Lilljeborgia pallida** SPENCE BATE.

1855. *Gammarus ? pallidus* SPENCE BATE, Brit. Assoc. Rep., p. 55.
1857. *Gammarus pallidus* SPENCE BATE, Ann. nat. Hist., 2e sér. XIX, p. 145.
1857. *Gammarus pallidus* WHITE, Pop. Hist. Brit. Crust., p. 185.
1859. *Gammarue brevicornis* BRUZELIUS, Skand. Amph. gamm., p. 62, pl. III, f. 11.
1860. *Iduna brevicornis* BOECK, Forh. Ved. de Skand. Nat., p. 656.
1862. *Lilljeborgia pallida* SPENCE BATE, Cat. Amph. Crust. Brit. Mus., p. 118, pl. XX, f. 5.
1863. *Lilljeborgia pallida* SPENCE BATE et WESTWOOD, Brit. sess. eyed Crust. I, p. 203.

1870. *Lilljeborgia pallida* Boeck, Cr. Amp. bor. et arct., p. 75.
1875. *Lilljeborgia pallida* Catta, Rev. des Sc. nat. de Montpellier, t. IV, p. 6.
1876. *Lilljeborgia pallida* Boeck, De Skand. og arkt. Amp., p. 497, pl. XVIII, f. 9.
1880. *Lilljeborgia pallida* Nebeski, Arb. aus dem Zool. Inst. d. Univ. Wien, t. III, 2 h., p. 34.
1882. *Lilljeborgia pallida* G.-O. Sars, Vid. Selsk. Forh., p. 27.

Hab. Concarneau.

Cette espèce, qui n'a pas encore été signalée sur les côtes océaniques de France, est très rare à Concarneau, Je n'en ai dragué qu'un exemplaire dans le Maërl, devant les Glénans.

On trouve cette espèce dans la Méditerranée dans les mêmes conditions.

Gen. ISÆA Milne-Edwards.

108. **Isæa Montagui** Milne-Edwards.

1830. *Isæa Montagui* Milne-Edwards, Ann. des Sc. nat., t. XX, p. 380.
1840. *Isæa Montagui* Milne-Edwards, Hist. des Crust., t. III, p. 26, pl. XXIX, f. 11.
1855. *Isæa Montagui* Spence Bate, Rep. Brit. Assoc., p. 58.
1857. *Isæa Montagui* Spence Bate, Ann. nat. Hist. XIX, p. 142.
1862. *Isæa Montagui* Spence Bate, Cat. Amph. Crust. Brit. Mus., p. 122, pl. XXII, f. 1.
1863. *Isæa Montagui* Spence Bate et Westwood, Brit. sess. ey. Crust. I, p. 215.
1866. *Isæa Montagui* Heller, Beitr. z. Kennt. d. Amph. d. Adriat. Meeres.
1875. *Isæa Montagui* Catta, Rev. des Sc. nat. de Montpellier, t. IV, p. 5.
1880. *Isæa Montagui* Nebeski, Arb. aus dem Zool. Ins. d. Univ. Wien, t. III, 2 h., p. 34.
1881. *Isæa Montagui* Delage, Arch. de zool. exp. IX, p. 154.
1883. *Isæa Montagui* Chevreux, Ass. p. l'av. des Sc. Rouen, p. 518.
1887. *Isæa Montagui* Chevreux, Compt Rend. de l'Acad., 3 janv.

Hab. Wimereux, îles Chausey, Roscoff, Concarneau, le Croisic.

Cette intéressante espèce est très commune à Concarneau ; je l'ai trouvée sur tous les *Maïa squinado* que j'ai examinés ; sa position est constante : Elle se place à la sortie du courant branchial, sous les pattes mâchoires, soit à la base de celles-ci, soit enfin dans les cavités où se logent les antennes internes, mais toujours dans les environs de la bouche ; j'en ai trouvé jusqu'à 37 exemplaires sur un seul Crabe. Sa coloration rouge s'adapte admirablement à celle de son hôte.

Ce fait de commensalisme a été indiqué par SPENCE BATE, CATTA, DELAGE, CHEVREUX ; mais MILNE-EDWARDS n'en parle pas, et dans l'Adriatique, d'après HELLER, cet amphipode serait errant.

J'ai retrouvé la même espèce à Wimereux, à la naissance des pattes thoraciques des Homards.

Gen. LEUCOTHOE LEACH.

109. **Leucothoe furina** SAVIGNY.

1809. *Lycesta furina* SAVIGNY, Expéd. d'Egypte Crust., pl. II, f. 2.
1816. *Lycesta furina* SAVIGNY, Mém. sur les Anim. s. vert., I, p. 109.
1830. *Leucothoe furina* MILNE-EDWARDS, Ann. des Sciences nat., t. XX, p. 381.
1840. *Leucothoe furina* MILNE-EDWARDS, H. nat. des Cr. III, p. 57.
1857. *Leucothoe procera* SPENCE BATE, Ann. nat. Hist., vol. XIX, p. 146.
1857. *Leucothoe furina* SPENCE BATE, An. nat. Hist., v. XX, p. 255.
1862. *Leucothoe furina* SPENCE BATE, Cat. Amp. Br. Mus., p. 157.
1863. *Leucothoe furina* SPENCE BATE et WESTWOOD, Brit. sess. eyed Crust. I, p. 275.
1868. *Leucothoe furina* NORMAN, Rep. on dredg. Shetland, p. 281.
1882. *Leucothoe furina* G.-O. SARS, Vid. Selsk. Forh., p. 27.
1884. *Leucothoe furina* CHEVREUX, As. p. l'av. des Sc. Blois, p. 314.

Hab. Concarneau, baie de Quiberon, le Croisic.

Dragué très rarement sur fond de sable vaseux, par 10 à 15 mètres.

110. **Leucothoe spinicarpa** ABILDGAARD.

1789. *Gammarus spinicarpus* ABILDGAARD, Zool. Dan. III, p. 66, t. XCIV, f. 1-2.

1804. *Cancer articulosus* MONTAGU, Linn. Trans. soc., vol. VII, p. 70, pl. 6, f. 7.
1814. *Leucothoe articulosa* LEACH, Edimb. Encycl. VII, p. 403.
1815. *Leucothoe articulosa* LEACH, Linn. Trans., vol. XI, p. 350.
1825. *Leucothoe articulosa* DESMAREST, Consid. sur les Cr., p. 263, pl. 45, f. 5.
1840. *Leucothoe articulosa* MILNE-EDWARDS, Hist. des Cr., p. 58, pl. 29, f. 14.
1847. *Leucothoe articulosa* WHITE, Cat. Crust. Brit. Museum.
1850. *Leucothoe articulosa* WHITE, Cat. Crust. Brit. Mus., p. 53.
1853. *Leucothoe denticulata* COSTA, Crost. Amfip. del reg. di Napoli, p. 226.
1855. *Leucothoe articulosa* LILLJEBORG, Ofv. of Kongl. Vet. Akad. Forh., p. 126.
1855. *Leucothoe articulosa* GOSSE, Mar. Zool. I, p. 141, f. 259.
1855. *Leucothoe articulosa* SPENCE BATE, Brit. Assoc. Rep., p. 59.
1857. *Leucothoe articulosa* WHITE, Hist. Brit. Crust., p. 188.
1857. *Leucothoe articulosa* SPENCE BATE, Ann. nat. Hist., 2e sér. XIX, p. 140.
1859. *Leucothoe articulosa* BRUZELIUS, Skand. Amp. gamm., p. 97.
1862. *Leucothoe articulosa* SPENCE BATE, Cat. Amph. Crust. Brit. Mus., p. 156, pl. XXIX, f. 2.
1863. *Leucothoe articulosa* SPENCE BATE et WESTWOOD, Brit. sess. eyed Crust., p. 271.
1866. *Leucothoe denticulata* HELLER, Beitr. z. näh. Kennt. d. Amp. d. Adriat. Meeres, p. 33, t. III, f. 1-5.
1868. *Leucothoe articulosa* NORMAN, Rep. on the Shetl. Cr., p. 281.
1870. *Leucothoe spinicarpa* BOECK, Cr. Amp. bor. et arct., p. 78.
1875. *Leucothoe denticulata* CATTA, Rev. des Sc. nat. de Montpellier, t. IV, p. 7.
1875. *Leucothoe articulosa* CATTA, Rev. des Sc. nat. de Montpellier, t. IV, p. 8.
1876. *Leucothoe spinicarpa* BOECK, De Skand. og arktisk. Amph., p. 507.
1877. *Leucothoe spinicarpa* MEINERT, Naturhist. Tidssk., II B., 3 R., p. 109.
1881. *Leucothoe articulosa* DELAGE, Arch. de zool. exp. IX, p. 154.
1882. *Leucothoe spinicarpa* G.-O. SARS, Vid. Selsk. Forh., p. 27.
1882. *Leucothoe spinicarpa* GIESBRECHT, Mittheilungen Neapel., Band III, p. 295.
1883. *Leucothoe articulosa* CHEVREUX, Ass. p. l'av. des Sciences. Rouen, p. 518.
1886. *Leucothoe articulosa* KŒHLER, Faun. litt. des îles Anglo-Norm., p. 60.

Hab. Iles Anglo-Normandes, Roscoff, Concarneau, le Croisic.

On drague cette espèce dans le Maërl (*Spongites coralloides*), devant les Pierres-Noires, au nord des Glénans, par 20 mètres. Je l'ai aussi rencontré sur des *Suberites lobatus* O. Schmidt. Dans la Méditerranée, on trouve souvent cette espèce dans les oscules de *S. Domuncula* Nardo et dans l'intérieur de la tunique des Ascidies simples ou dans les cloaques des Synascidies (Marion). Quand il est errant, on le drague, comme à Concarneau, sur les fonds coralligènes.

Il y a, entre les deux sexes, un dimorphisme très accentué qui porte surtout sur la forme des gnathopodes,

5. **Ampeliscidæ.**

Gen. AMPELISCA Kroyer.

111. **Ampelisca typica** Spence Bate.

1855. *Tetromatus typicus* Spence Bate, Brit. Assoc. Rep., p. 58.
1857. *Tetromatus typicus* Spence Bate, Ann. nat. Hist., 2e sé. XIX, p. 139.
1857. *Tetromatus typicus* White, Hist. Brit. Cr., p. 171, pl. 10, f. 4
1859. *Ampelisca carinata* Bruzelius, Skand. Amp. g., p. 87, f. 16
1862. *Ampelisca carinata* Spence Bate, Cat. Amph. Crust. Brit. Mus., p. 371.
1862. *Ampelisca Gaimardii* Spence Bate, Cat. Amph. Crust. Brit. Mus., p. 91, pl. XV, f. 1.
1863. *Ampelisca Gaimardii* Spence Bate et Westwood, Brit. sess. eyed Crust., p. 127.
1868. *Ampelisca carinata* Norman, Rep. on the Shetl. Cr., p. 277.
1870. *Ampelisca typica* Boeck, Cr. Amp. bor. et arct., p. 142.
1876. *Ampelisca typica* Boeck, De Skand. og arktisk. Amphip., p. 522, pl. XXXI, f. 4.
1877. *Ampelisca typica* Meinert, Nat. Tidssk., II B., 3 R., p. 136.
1883. *Ampelisca Gaimardii* Chevreux, Assoc. p. l'av. des Sciences. Rouen, p. 518.
1886. *Ampelisca Gaimardii* Kœhler, Faun. litt. des îles Anglo-Norm., p. 60.

Hab. Wimereux, iles Anglo-Normandes, Concarneau, baie de Quiberon, le Croisic.

C'est l'un des amphipodes que l'on drague le plus communément de 15 à 30 mètres sur les fonds d'herbiers et de sable vaseux.

Gen. HAPLOOPS LILLJEBORG.

112. **Haploops tubicola** LILLJEBORG.

1852. *Ampelisca Eschrichti ?* LILLJEBORG, Ofv. of Kgl. Vet. Akad. Forhandl., p. 6.
1855. *Haploops tubicola* LILLJEBORG, Ofv. of Kgl. Vet. Akad. Forhandl., p. 135.
1859. *Haploops tubicola* BRUZELIUS, Skand. Amp. gamm., p. 88.
1862. *Haploops tubicola* SPENCE BATE, Cat. Amphip. Crust. Brit. Mus., p. 371.
1863. *Haploops tubicola* NORMAN, Trans. Tyn. Nat. Fied. Club. V, p. 279.
1865. *Haploops tubicola* GOES, Crust. Amph. Maris Spetsb., p. 12.
1868. *Haploops tubicola* SPENCE BATE et WESTWOOD, Brit. sess. eyed Crust. II, p. 505.
1868. *Haploops tubicola* NORMAN, Ann. Mag. Nat. Hist., p. 411, t. XXXI, f. 1-3.
1870. *Haploops tubicola* BOECK, Cr. Amp. bor. et arct., p. 146.
1876. *Haploops tubicola* BOECK, De Skand. og arktisk. Amphip., p. 537, pl. XXX, f. 5.
1877. *Haploops tubicola* MEINERT, Nat. Tidssk., II B., 2 R., p. 140.
1882. *Haploops tubicola* G.-O. SARS, Vid. Selsk. Forh., p. 29.
1884. *Haploops tubicola* CHEVREUX, Assoc. pour l'av. des Sciences. Blois, p. 313.

Hab. Concarneau, le Croisic.

On trouve cette espèce, dans son petit tube de vase, long de $0^{m},10$, dans le point le plus profond de la baie de Concarneau, par 30 mètres. Il y était très abondant il y a quelques années.

6. **Photidæ.**

a. Photinæ.

Gen. PHOTIS KROYER.

113. **Photis Reinhardi** KROYER.

1842. *Photis Reinhardi* KROYER, Nat. Tidssk, I. R. IV. B., p. 155.
1852. *Amphitoe pygmæa* LILLJEBORG, Ofv. of Kgl. Vet. Akad. Forhn., p. 9.

1859. *Amphitoe pygmæa* Bruzelius, Skand. Amp. gam., p. 32.
1863. *Eiscladus longicaudatus* Spence Bate et Westwood, Brit. sess. Eyed Crust. I, p. 412.
1868. *Amphitoe Reinhardi* Goes, Cr. Amp. Maris Spetsb., p. 16.
1868. *Heiscladus longicaudatus* Norman, Rep. on dr. Shetl., p. 284.
1870. *Photis Reinhardi* Boeck, Crust. Amp. bor. et arct., p. 153.
1876. *Photis Reinhardi* Boeck, De Skand. og artisk. Amp., p. 554, pl. XXVI, f. 1.
1882. *Photis Reinhardi* G.-O. Sars, Vid. Selsk. Forh., p. 30.
1884. *Eiscladus longicaudatus* Chevreux, Ass. pour l'av. des Sc. Blois, p. 314.

Hab. Concarneau, le Croisic.

Je l'ai souvent trouvé sur la carapace des *Maïa squinado* ramenés des profondeurs d'au-delà des Glénans.

Comme le fait très justement remarquer Chevreux, les exemplaires de la Bretagne n'ont point la dernière paire d'uropodes aussi allongé que ne le figurent Spence Bate et Westwood. Norman (Reports of deep sea dredging on the Coasts Northumberland and Durham, 1864) cite une espèce qu'il appelle *Eiscladus brevicaudatus*, sans en donner la description, et qui se confond peut-être avec la présente espèce.

b. Microdeutopinæ.

Gen. MICRODEUTOPUS Costa.

114. **Microdeutopus anomalus** Rathke.

1843. *Gammarus anomalus* Rathke, Acta Acad. Leop. XX, p. 63, pl. IV, f. 7.
1854. *Gammaropsis anomalus* Lilljeborg, ofv. of Kgl. Vet. Akad. Forh., p. 457.
1855. *Lembos cambaiensis* Spence Bate, Brit. Assoc. Rep., p. 58.
1857. *Lembos cambriensis* Spence Bate, Ann. nat. Hist., 2e sér. XIX, p. 142.
1857. *Lembos cambriensis* White, Pop. Hist. Brit. Crust., p. 180.
1859. *Antonoe anomala* Bruzelius, Skand. Amph. gamm., p. 25, pl. I, f. 4.
1862. *Microdeutopus anomalus* Spence Bate, Cat. Amph. Crust. Brit. Mus., p. 154, pl. XXX, f. 3.

1863. *Microdeutopus anomalus* Spence Bate et Westwood, Brit. sess. eyed Crust. I, p. 293.
1868. *Microdeuteropus anomalus* Norman, Rep. on the Shetland Crust., p. 281.
1868. *Microdeutopus anomalus* Grube, Mittheil. über St-Malo und Roscoff, p. 139.
1870. *Microdeutopus anomalus* Boeck, Cr. Amp. bor. et ar., p. 157.
1876. *Microdeutopus anomalus* Boeck, De Skand. og artk. Amph. p. 567, pl. XXV, f. 5.
1877. *Microdeutopus anomalus* Meinert, Naturhist. Tidssk., II B.,
1882. *Microdeutopus anomalus* G.-O. Sars, Vid. Selsk. Forh., p. 30.
1884. *Microdeutopus anomalus* Chevreux, Assoc. pour l'av. des Sciences. Blois, p. 314.

Hab. Saint-Malo, Roscoff (Grube), Concarneau, le Croisic.

On le drague assez fréquemment sur les fonds d'algues par 15 à 20 mètres dans la baie de Concarneau

Il est très commun dans les réservoirs des marais salants du Croisic (Chevreux).

115. **Microdeutopus versiculatus** Spence Bate.

1855. *Lembos versiculatus* Spence Bate, Rep. Brit. Assoc., p. 58.
1857. *Lembos versiculatus* Spence Bate, A. nat. Hist. XIX, p. 142.
1862. *Microdeutopus versiculatus* Spence Bate, Cat. Amph. Brit. Mus., p. 165, pl. XX, f. 5.
1863. *Microdeutopus versiculatus* Spence Bate et Westwood, Br. sess. eyed Crust. I, p. 295.
1868. *Microdeuteropus versiculatus* Norman, Rep. on dredg. Shetland, p. 282.
1884. *Microdeutopus versiculatus* Chevreux, Assoc. pour l'av. des Sciences. Blois, p. 314.

Hab. Concarneau, le Croisic.

Très rare. Je n'en ai trouvé que quelques exemplaires en draguant entre les îles Glénans.

Gen. AORA Kroyer.

116. **Aora gracilis** Spence Bate.

1855. *Lonchomerus gracilis* Spence Bate, Brit. Ass. Rep., p. 58.
1857. *Lonchomerus gracilis* Spence Bate, Ann. Nat. Hist., 2e sér. t. XIX, p. 142.

1857. *Lonchomerus gracilis* White, Pop. Hist. Brit. Cr., p. 180.
1858. *Lalaria gracilis* Spence Bate, Ann. Nat. Hist., 2e sér., t. XX, p. 525.
1859. *Autonoe punctata* Bruzélius, Skand. Amph. gamm., p. 24, pl. I, f. 3.
1862. *Aora gracilis* Spence Bate, Catal. Amph. Crust. Brit. Mus., p. 160, pl. XXIX, f. 7.
1863. *Aora gracilis* Spence Bate et Westwood, Brit. sess. eyed Crust. 1, p. 281.
1868. *Aora gracilis* Norman, Rep. on the Shetland Cr., p. 281.
1870. *Aora gracilis* Boeck, Crust. Amph. bor. et arct., p. 158.
1876. *Aora gracilis* Boeck, De Skand. og arktisk. Amph., p. 570, pl. XXV, f. 9.
1877. *Aora gracilis* Meinert, Naturh. Tidssk., II B., 2 R., p. 146.
1882. *Aora gracilis* G.-O.-Sars, Vid. Selsk. Forh., p. 30.
1883. *Aora gracilis* Chevreux, Assoc. pour l'av. des Sciences. Rouen, p. 518.
1886. *Aora gracilis* Kœhler, F. litt. des îles Angl.-Norm., p. 60.

Hab. Iles Anglo-Normandes, Concarneau, le Croisic.

Assez rare; on le drague dans la baie de la Forest et dans celle de Concarneau de 10 à 30 mètres sur les algues.

Gen. AUTONOE Bruzelius.

117. **Autonoe longipes** Lilljeborg.

1852. *Gammarus longipes* Lilljeborg, Ofv. of Kgl. Vet. Akad. Forh., p. 10.
1853. *Gammarus longipes* Lilljeborg, Ofv. of Kgl. Vet. Akad. Forh., p. 457.
1857. *Lembos Websterii* Spence Bate, Ann. Nat. Hist., 2e sér. XIX, p. 142.
1857. *Lembos Websterii* White, Pop. Hist. Brit. Crust., p. 180.
1859. *Autonoe longipes* Bruzélius, Skand. Amp. gamm., p. 28.
1862. *Microdeutopus Websterii* Spence Bate, Cat. Amph. Crust. Brit. Mus., p. 164, pl. XXX, f. 2.
1862. *Microdeutopus longipes* Spence Bate, Cat. Amph. Crust. Brit. Mus., p. 166.
1863. *Microdeutopus Websterii* Spence Bate et Westwood, Brit. sess. eyed Crust. I, p. 291.
1868. *Microdeuteropus Websterii* Norman, Rep. on the Shetland Crust., p. 282.

1868. *Microdeutopus Websterii* Grube, Mittheil. über St-Malo et Roscoff, p. 139.
1870. *Autonoe longipes* Boeck, Crust. Amp. bor. et arct., p. 158.
1876. *Autonoe longipes* Boeck, De Skand. og arkt. Amp., p. 572, pl. XXV, f. 2.
1882. *Autonoe longipes* G.-O. Sars, Vid. Selsk. Forh., p. 30.
1882. *Microdeutopus Websterii* Chevreux, Assoc. pour l'av. des Sciences. Rouen, p. 518.
1886. *Microdeutopus Websterii* Kœhler, Faun. litt. des îles Angl.-Norm., p. 60.

Hab. Wimereux, îles Anglo-Normandes, Roscoff (Grube), Concarneau, le Croisic.

Cet amphipode est l'un de ceux que l'on trouve le plus souvent sur les *Maïa squinado* draguées dans la baie de la Forest, par 15 mètres de profondeur. On le trouve aussi, libre, dans les algues du bas de l'eau.

Gen. GOSSEA Spence Bate.

118. **Gossea microdeutopa** Spence Bate.

1862. *Gossea microdeutopa* Spence Bate, Cat. Amph. Brit. Mus., p. 160, pl. 29, f. 6.
1863. *Gossea microdeutopa* Spence Bate et Westwood, Brit. ses. eyed Crust. I, p. 277.
1883. *Gossea microdeutopa* Chevreux, Assoc. pour l'av. des Sc. Rouen, p. 518.

Hab. Concarneau, le Croisic.

J'ai trouvé quelques rares exemplaires de cette espèce à marée basse, dans des touffes de *Corallina officinalis*.

Gen. PTILOCHEIRUS Stimpson.

119. **Ptilocheirus pilosus** Zaddach.

1844. *Ptilocheirus pilosus* Zaddach, Synops. Crust. Pruss., p. 8.
1862. *Protomedeia hirsutimana* Spence Bate, Cat. Amph. Crust., p. 168, pl. 30, f. 6.

1863. *Protomedeia hirsutimana* Spence Bate et Westwood. Brit. sess. Eyed Crust. I, p. 298.
1868. *Protomedeia hirsutimana* Norman, Rep. on dr. Shetl., p. 284.
1870. *Ptilocheirus pilosus* Boeck, Crust. Amph., p. 150.
1877. *Ptilocheirus pilosus* Meinert, Naturhist. Tidssk., II B., 3 R., p. 141.
1882. *Ptilocheirus pilosus* G.-O. Sars, Vid. Selsk. Forh., p. 30.
1884. *Protomedeia hirsutimana* Chevreux, Assoc. pour l'av. des Sciences, p. 314.

Hab. Concarneau, le Croisic.

J'ai trouvé seulement deux exemplaires de cette très rare espèce sur une *Maïa squinado* dragué sur la plage de l'île du Loch, aux Glénans, par 5 ou 6 mètres de profondeur.

Gen. GAMMAROPSIS Lilljeborg.

120. **Gammaropsis erythrophthalmus** Lilljeborg

1853. *Gammaropsis erythropththalmus* Lilljeborg, Kgl. Vet. Akad. Handl., p. 455.
1855. *Gammaropsis erythropththalmus* Lilljeborg, Kgl. Vet. Akad. Handl., p. 124.
1855. *Eurystheus tridentatus* Spence Bate, Brit. Ass. Rep., p. 58.
1857. *Eurystheus tridentatus* Spence Bate, Ann. Nat. Hist., 2e sér. XIX, p. 143.
1857. *Eurystheus tridentatus* White, Pop. Hist. Brit. Cr., p. 181.
1859. *Antonoe erythrophthalmus* Bruzélius, Skand. Amp. gamm., p. 27.
1862. *Eurystheus erythropththalmus* Spence Bate, Cat. Amph. Cr. Br. Mus., p. 196, pl. XXXV, f. 7.
1863. *Eurystheus erythropththalmus* Spence Bate et Westwood, Brit. sess. eyed Crust., p. 354.
1868. *Eurystheus erythropththalmus* Norman, Rep. on the Shetl. Crust., p. 284.
1870. *Gammaropsis erythropththalmus* Boeck, Crust. Amph. bor. et arct., p. 161.
1876. *Gammaropsis erythropththalmus* Boeck, De Skand. og arkt. Amph., p. 581, pl. XXV, f. 5.
1877. *Gammaropsis erythropththalmus* Meinert, Naturh. Tidssk., II B., 3 R., p. 150.
1881. *Eurystheus erythropththalmus* Delage, Arch. de Zool. exp. IX, p. 153.

1882. *Gammaropsis erythropththalmus* G.-O. SARS, Vid. Selsk. Forh., p. 30.
1884. *Eurystheus erythropththalmus* CHEVREUX, Assoc. p. l'av. des Sciences. Blois, p. 314.
1886. *Eurystheus erythropththalmus* KŒHLER, Faun. litt. des îles Angl.-Norm., p. 60.

Hab. Wimereux, îles Anglo-Normandes, Roscoff, Concarneau, le Croisic.

Il se trouve fréquemment sur la carapace des *Maïa squinado* dragués dans la baie ; on le trouve aussi à marée basse sur les éponges ou les Synascidies.

Gen. PODOCEROPSIS BOECK.

121. **Podoceropsis Sophiæ** BOECK.

1860. *Podoceropsis Sophiæ* BOECK, Forh. Ved. de Sk. Nat., p. 666.
1862. *Nænia tuberculosa* SPENCE BATE, Cat. Amph. Crust. Brit. Mus., p. 271, pl. XLVI, f. 2.
1863. *Nænia tuberculosa* SPENCE BATE et WESTWOOD, Brit. sess. Eyed Crust. I, p. 472.
1870. *Podoceropsis Sophiæ* BOECK, Cr. Amph. bor. et arct., p. 162.
1876. *Podoceropsis Sophiæ* BOECK, De Skand. og artisk. Amph., p. 584, pl. XXV, f. 7.
1877. *Podoceropsis Sophiæ* MEINERT, Naturhist. Tidssk., II B., 3 R., p. 151.
1882. *Podoceropsis Sophiæ* G.-O. SARS, Vid. Selsk. Forh., p. 30.
1884. *Nænia tuberculosa* CHEVREUX, Ass. pour l'av. des Sciences. Blois, p. 315.
1886. *Nænia tuberculosa* KŒHLER, F. litt. des îles Angl.-N., p. 60.

Hab. Iles Anglo-Normandes, Concarneau, le Croisic.

Je n'ai trouvé qu'une fois ce rare amphipode sur *Maïa squinado* dragué au large des Glénans.

6. **Podoceridæ.**

a. Amphitoinæ.

Gen. AMPHITOE LEACH.

122. **Amphitoe rubricata** MONTAGU.

1804. *Cancer rubricatus* MONTAGU, Linn. Tr. IX, p. 99, pl. V, f. 1.
1814. *Gammarus rubricatus* LEACH, Edimb. Encycl. VII, p. 402.

1814. *Amphitoe rubricata* LEACH, Edimb. Encycl. app., p. 432.
1815. *Amphitoe rubricata* LEACH, Linn. Trans. XI, p. 260.
1825. *Amphitoe rubricata* DESMAREST, Cons. sur les Cr., t. 45, f. 9.
1830. *Amphitoe rubricata* MILNE-EDWARDS, A. Sc. nat. XX, p. 377.
1840. *Amphitoe rubricata* MILNE-EDWARDS, Hist. nat. des Crust. III, p. 33.
1847. *Amphitoe rubricata* THOMPSON, Ann. Nat. Hist. XX, p. 242.
1855. *Amphitoe rubricata* SPENCE BATE, Rep. Brit. Assoc., p. 59.
1855. *Amphitoe rubricata* GOSSE, Mar. Zool. I, p. 141, f. 258.
1857. *Amphitoe rubricata* SPENCE BATE, Ann. Nat. Hist., vol. XX, p. 147.
1862. *Amphitoe rubricata* SPENCE BATE, C. Amp. Br. Mus., p. 233.
1863. *Amphitoe rubricata* SPENCE BATE et WESTWOOD, Brit. sess. eyed Crust. I, p. 418.
1868. *Amphitoe rubricata* NORMAN, Rep. on dr. Shetland, p. 284.
1883. *Amphitoe rubricata* CHEVREUX, Assoc. p. l'av. des Sciences. Rouen, p. 519.

Hab. Wimereux, Concarneau, le Croisic.

Cette espèce est commune dans les eaux saumâtres. Je l'ai trouvé fréquemment dans l'arrière port. Elle est commune au Croisic, dans les réservoirs des marais salants (CHEVREUX).

123. **Amphitoe podoceroïdes** RATHKE.

1843. *Amphitoe podoceroïdes* RATHKE, Act. Leopold. XX, p. 79, t. IV, f. 4.
1845. *Amphitoe albomaculata* KROYER, Nat. Tidssk. Ny. Rœkke, 2 B., p. 67.
1847. *Amphitoe punctata* JOHNSTON, Zool. Journ. III, p. 127, 490.
1847. *Amphitoe punctata* WHITE, Cat. Crust. Brit. Mus., p. 50.
1847. *Amphitoe punctata* THOMPSON, Ann. Nat. Hist. XX, p. 243.
1855. *Amphitoe littorina* SPENCE BATE, Brit. Assoc. Rep., p. 59.
1857. *Amphitoe littorina* SPENCE BATE, Ann. Nat. Hist., 2e sér. XIX, p. 148.
1857. *Amphitoe littorina* WHITE, Hist. Brit. Crust., p. 200.
1858. *Amphitoe podoceroïdes* LILLJEBORG, Ofv. of Kgl. Vet. Akad. Forh., p. 8.
1858. *Amphitoe albomaculata* M. SARS, Forh. i. vid. Zelsk i. Christiania, p. 143.
1859. *Amphitoe podoceroïdes* BRUZELIUS, Skand. Amp. gam., p. 31.
1862. *Sunamphitoe podoceroïdes* SPENCE BATE, Cat. Amph. Crust. Brit. Mus., p. 251, pl. XLIII, f. 7.

1862. *Amphitoe littorina* SPENCE BATE, Cat. Amph. Brit. Mus., p. 234, pl. XL, f. 2.
1863. *Amphitoe littorina* SPENCE BATE et WESTWOOD, Brit. sess. eyed Crust. I, p. 422.
1868. *Amphitoe littorina* NORMAN, Rep. on dredg. Shetland, p. 284.
1868. *Amphitoe littorina* GRUBE, Mittheil. über St-Malo und Roscoff, p. 139.
1870. *Amphitoe podoceroïdes* BOECK, Cr. Amp. bor. et arct., p. 164.
1876. *Amphitoe podoceroïdes* BOECK, De Sk. og arkt. Amp., p. 518, pl. XXVI, f. 5 et pl. XXVII, f. 3.
1877. *Amphitoe podoceroïdes* MEINERT, Naturhist. Tidssk., II B., 2 R., p. 153.
1881. *Amphitoe sp.?* DELAGE, Arch. de Zool. exper. IX, p. 153.
1882. *Amphitoe podoceroïdes* G.-O. SARS, Vid. Selsk. Forh., p. 30.
1884. *Amphitoe sp.?* CHEVREUX, Assoc. pour l'av. des Sciences. Blois, p. 314.
1886. *Amphitoe littorina* KŒHLER, F. litt. des îles Angl.-N., p. 60.

Hab. Wimereux, îles Anglo-Normandes, Saint-Malo (GRUBE) Roscoff, Concarneau, le Croisic.

Cet amphipode est très commun à marée basse, dans la région des Laminaires. Il s'adapte très facilement à la couleur des algues dans lesquelles il vit; il y a des variétés brunes, rouges, vertes, ou vertes avec des points noirs.

Gen. SUNAMPHITOE SPENCE BATE.

124. **Sunamphitoe hamulus** SPENCE BATE.

1855. *Sunamphitoe hamulus* SPENCE BATE, Brit. Ass. Rep., p. 59.
1857. *Sunamphitoe hamulus* SPENCE BATE, Ann. Nat. Hist., 2e sér. XIX, p. 148.
1857. *Sunamphitoe hamulus* WHITE, Hist. Brit. Crust., p. 202.
1862. *Sunamphitoe hamulus* SPENCE BATE, Cat. Amph. Crust. Br. Mus. p. 270, pl. XLIII, f. 5.
1863. *Sunamphitoe hamulus* SPENCE BATE et WESTWOOD, Br. sess. eyed Crust. I, p. 430.
1868. *Sunamphitoe hamulus* NORMAN, Rep. on the Shetland Cr., p. 285.
1870. *Sunamphitoe hamulus* BOECK, Cr. Amp. bor. et arct., p. 165.
1876. *Sunamphitoe hamulus* BOECK, De Skand. og arktisk. Amph., p. 594, pl. XXVII, f. 1.

1882. *Sunamphitoe hamulus* G.-O. Sars, Vid' Selsk. Forh., p. 30.
1884. *Sunamphitoe hamulus* Chevreux, Assoc. pour l'av. des Sc. Blois, p. 314.

Hab. Wimereux, Concarneau, le Croisic.

J'ai trouvé un exemplaire de cet amphipode sur la carapace d'un *Maïa squinado*, dragué par une dizaine de mètres devant l'île du Loch, aux Glénans ; je l'ai recueilli aussi quelquefois à marée basse, sous les pierres. Il est rare.

b. *Podocerinæ.*

Gen. PODOCERUS Leach.

125. **Podocerus falcatus** Montagu.

1808. *Cancer falcatus* Montagu, Linn. Tr. IX, p. 100, pl. 5, f. 12.
1814. *Jassa falcata* Leach, Edimb. Encycl. VII, p. 433.
1814. *Jassa pulchella* Leach, Edimb. Encycl. VII, p. 433.
1814. *Jassa pelagica* Leach, Edimb. Encycl. VII, p. 433.
1814. *Podocerus variegatus* Leach, Edimb. Encycl. VII, p. 433.
1815. *Jassa falcata* Leach, Linn. Trans. XI, p. 361.
1815. *Jassa pulchella* Leach, Linn. Trans. XI, p. 361.
1815. *Jassa pelagica* Leach, Linn. Trans. XI, p. 361.
1815. *Podocerus variegatus* Leach, Linn. Trans. XI, p. 361.
1825. *Podocerus variegatus* Desmarest, Cons. sur les Cr., p. 269.
1825. *Jassa pulchella* Desmarest, Consid. sur les Crust., p. 269.
1825. *Jassa pelagica* Desmarest, Consid. sur les Crust., p. 270.
1829. *Jassa pulchella* Milne-Edwards, Règne anim., pl. LXI, f. 3.
1829. *Podocerus variegatus* Milne-Edwards, Règ. an., pl. LXI, f. 4.
1830. *Podocerus pulchellus* Milne-Edwards, Ann. des Sc. nat. XX, p. 394.
1830. *Podocerus variegatus* Milne-Edwards, Ann. des Sc. nat. XX, p. 384.
1840. *Podocerus variegatus* Milne-Edwards, Hist. nat. des Crust. III, p. 63.
1840. *Podocerus pulchellus* Milne-Edwards, Hist. nat. des Crust. III, p. 64.
1840. *Cerapus pelagicus* Milne-Edwards, Hist. nat. des Crust. III, p. 361.
1843. *Podocerus capillatus* Rathke, Beit. z. Faun. Norwegens, Nov. Act. Leop. XX, p. 94, pl. IV, f. 8.

1843. *Podocerus calcaratus* RATHKE, Nov. Act. Leop. XX, p. 91, pl. IV, f. 9.
1847. *Jassa pelagica* WHITE, Cat. Brit. Mus. Crust.
1847. *Cerapus falcatus* THOMPSON, An. and Mag. of Nat. H., p. 244.
1855. *Podocerus pulchellus* SPENCE BATE, Brit. Assoc. Rep., p. 59.
1855. *Podocerus pulchellus* GOSSE, Mar. Zool. I, p. 141.
1855. *Podocerus variegatus* SPENCE BATE, Brit. Assoc. Rep., p. 59.
1855. *Podocerus variegatus* GOSSE, Mar. Zool. I, p. 141.
1856. *Podocerus calcaratus* COSTA, R. sui Crost. Amp. del Reg. di Napoli, p. 230.
1857. *Jassa falcata* WHITE, Hist. Brit. Crust., p. 198.
1857. *Jassa pelagica* WHITE, Hist. Brit. Crust., p. 198.
1857. *Podocerus pulchellus* SPENCE BATE, Ann. Nat. Hist., 2e sér. XIX, p. 148.
1857. *Podocerus pulchellus* WHITE, Hist. Brit. Crust., p. 198.
1857. *Podocerus variegatus* SPENCE BATE, Ann. Nat. Hist., 2e sér XIX, p. 148.
1857. *Podocerus variegatus* WHITE, Hist. Brit. Crust., p. 197.
1858. *Podocerus capillatus* M. SARS, Forh. i Vid. selsk. i Christiania, p. 148.
1859. *Podocerus calcaratus* BRUZELIUS, Skand. Amp. gamm., p. 22.
1859. *Jassa capillata* BRUZELIUS, Skand. Amph. gamm., p. 19.
1862. *Podocerus pulchellus* SPENCE BATE, Cat. Amph. Crust. Brit. Mus., p. 253, pl. XLIII, f. 8.
1862. *Podocerus falcatus* SPENCE BATE, Cat. Amph. Crust. Brit. Mus., p. 254, pl. XLIV, f. 1.
1862. *Podocerus pelagicus* SPENCE BATE, Cat. Amph. Crust. Brit. Mus., p. 255, pl. XLIV, f. 2.
1862. *Podocerus variegatus* SPENCE BATE, Cat. Amph. Crust. Brit. Mus., p. 255, pl. XLIII, f. 10.
1862. *Podocerus capillatus* SPENCE BATE, Cat. Amph. Brit. Mus., p. 255, pl. XLVI, f. 3.
1863. *Podocerus pulchellus* SPENCE BATE et WESTWOOD, Brit. sess. eyed Crust. I, p. 436.
1863. *Podocerus falcatus* SPENCE BATE et WESTWOOD, Brit. sess. eyed Crust. I, p. 445.
1863. *Podocerus pelagicus* SPENCE BATE et WESTWOOD, Brit. sess. eyed Crust. I, p. 447.
1863. *Podocerus variegatus* SPENCE BATE et WESTWOOD, Br. sess. eyed Crust. I, p. 439.
1863. *Podocerus capillatus* SPENCE BATE et WESTWOOD, Br. sess. eyed Crust. I, p. 442.
1867. *Podocerus monodon* HELLER, Denk. d. k. k. Akad. d. Wiss., 26. B. 2. bth., p. 45, taf. IV, f. 4-5.
1868. *Podocerus pulchellus* NORMAN, Rep. on the Shetl. Cr., p. 285.

1868. *Podocerus falcatus* NORMAN, Rep. on the Shetl. Cr., p. 285.
1868. *Podocerus pelagicus* NORMAN, Rep. on the Shetl. Cr., p. 285.
1868. *Podocerus variegatus* NORMAN, Rep. on the Shetl. Cr., p. 285.
1868. *Podocerus capillatus* NORMAN, Rep. on the Shetl. Cr., p. 285.
1870. *Podocerus falcatus* BOECK, Cr. Amph. bor. et arct., p. 168.
1870. *Janassa variegata* BOECK, Cr. Amph. bor. et aact., p. 170.
1876. *Podocerus falcatus* BOECK, De Skand. og. arkt. Amp., p. 605, pl. XXVII, f. 4-7, pl. XXVIII, f. 2.
1876. *Janassa variegata* BOECK, De Skand. og. arkt. Amp., p. 608 pl. XXVIII, f. 1, pl. XXIX, f. 2.
1877. *Podocerus falcatus* MEINERT, Nat. Tidssk., II B., 4 R., p. 156.
1879. *Podocerus falcatus* HOEK, Tidschr. d. Ned. Dierk Vereen. Deel IV, p. 120, t. VIII, f. 13-15; t. XIX, f. 1-3.
1880. *Podocerus falcatus* NEBESKI, Beitrag. z. Kennt. d. Amph. d. Adr. Arbeit. d. Zool. Inst. zu Wien, vol. III, 2 h., p. 41, t. IV, f. 44.
1882. *Podocerus falcatus* G.-O. SARS, Vid. Selsk. Forh., p. 31.
1883. *Podocerus pulchellus* CHEVREUX, As. pour l'av. des Sciences. Rouen, p. 519.
1883. *Podocerus falcatus* CHEVREUX, Assoc. pour l'av. des Sciences. Rouen, p. 519.
1883. *Podocerus capillatus* CHEVREUX, As. pour l'av. des Sciences. Rouen, p. 519.
1883. *Podocerus pelagicus* CHEVREUX, Ass. pour l'av. des Sciences. Rouen, p. 519.
1884. *Podocerus variegatus* CHEVREUX, As. pour l'av. des Sciences. Blois, p. 314.
1886. *Podocerus falcatus* KŒHLER, F. litt. des îles Angl.-N., p. 60
1886. *Podocerus capillatus* KŒHLER, F. lit. des îles Angl.-N., p. 60.

Hab. Wimereux, Fécamp (GIARD), îles Anglo-Normandes, Concarneau, le Croisic, la Rochelle.

Cette espèce est très commune à Concarneau ; elle forme de petits tubes de vase au pied des Laminaires et dans les touffes de Corallines, du bas de l'eau.

On sait que BOECK, HOEK et NEBESKI ont démontré que la plupart des espèces des Auteurs se rapportaient à une seule et même espèce et que les prétendus caractères spécifiques ne sont dus qu'à des différences dans l'âge et dans le sexe.

Gen. ERICHTONIUS Milne Edwards.

126. **Erichtonius abditus** Templeton.

1836. *Cerapus abditus* Templeton, Trans. Ent. Soc. I, p. 188, pl. XX, f. 5.
1840. *Cerapodina abdita* Milne-Edwards, Hist. n. des Cr. III, p. 63.
1853. *Cerapus Whitei?* Gosse, Nat. Rambles Devonshire coast., p. 883, pl. XXII, f. 12.
1855. *Siphonocetus Kroyeranus* Spence Bate, Br. As. Rep., p. 58.
1857. *Podocerus punctatus* Spence Bate, Ann. nat. Hist., 2e sér. XIX, p. 148.
1857. *Erichtonius difformis* Spence Bate, Ann. nat. Hist., 2e sér. XIX, p. 149.
1857. *Erichtonius difformis* White, Hist. Brit Crust., p. 196.
1857. *Erichtonius bidens* Costa, R. sui Crost. Amfip. del reg. di Napoli, p. 229, t. IV, f. 9.
1862. *Cerapus abditus* Spence Bate, Cat. Amp. Brit. Mus., p. 263, pl. XLV, f. 2.
1862. *Cerapus Whitei* Spence Bate, Cat. Amph. Br. Mus., p. 270. pl. XLV, f. 10.
1862. *Dercothoe punctatus* (♀) Spence Bate, Cat. Amph. Crust. Brit. Mus., p. 260.
1863. *Cerapus abditus* Spence Bate et Westwood, Brit. sess. ey. Crust. I, p. 455.
1863. *Siphonocetes Whitei* Spence Bate et Westwood, Brit. sess. eyed Crust. I, p. 467.
1863. *Dercothoe punctatus* Spence Bate et Westwood, Brit. sess. eyed Crust. I, p. 461.
1868. *Cerapus abditus* Norman, Rep. on dredg. Shetland, p. 285.
1870. *Cerapus abditus* Boeck, Crust. Amph. bor. et arct., p. 171.
1876. *Cerapus abditus* Boeck, De Skand. og arkt. Amph., p. 613, pl. XXVIII, f. 4.
1877. *Cerapus abditus* Meinert, Nat. Tidssk., II B., 3 R., p. 157.
1880 *Cerapus abditus* Nebeski, Arb. aus dem Zool. Inst. d. Univ. Wien, t. III, 2 h, p. 45.
1882. *Erichtonius abditus* G.-O. Sars, Vid. Selsk. Forh., p. 31.
1883. *Cerapus abditus* Chevreux, As. p. l'av. des Sc. Rouen, p. 519.
1884 *Dercothoe punctatus* Chevreux, Ass. pour l'av. des Sciences. Blois, p. 315.
1884. *Siphonocœtes Whitei* Chevreux. As. pour l'av. des Sciences, Blois, p. 315.

Hab. Concarneau, le Croisic.

J'ai dragué cette espèce par 80 mètres, au sud de la

Jument des Glénans, sur *Dendrophyllia ramea* (*Coraux jaunes* des pêcheurs). Elle est rare.

127. **Erichtonius difformis** MILNE-EDWARDS.

1830. *Erichtonius difformis* MILNE-EDWARDS, Ann. des Sc. nat., t. XX, p. 382.
1840. *Erichtonius difformis* MILNE-EDWARDS, Hist. des Cr., t. III, p. 60, pl. 29, f. 12.
1842. *Podocerus Leachii* KROYER, Nat. Tidsskr. I. R. IV, p. 163.
1855. *Erichtonius difformis* LILLJEBORG, Ofv. of Kongl. Vet. Akad. Forh, p. 129.
1857. *Erichtonius difformis* COSTA, R. sui Crost. Amfip. d. reg. di Napoli, p. 228.
1857. *Cerapus difformis* COSTA, R. sui Crosta Amfip. del reg. di Napoli, p. 228.
1859. *Erichtonius difformis* BRUZELIUS, Skand. Amph. gam., p. 17.
1862. *Cerapus Leachii* SPENCE BATE, Cat. Amph. Crust. Brit. Mus., p. 268.
1862. *Cerapus difformis* SPENCE BATE, Cat. Amp. Crust. Br. Mus., p. 265, pl. XLV, f. 5.
1363 *Cerapus difformis* SPENCE BATE et WESTWOOD, Brit. sess. eyed Crust. p. 457.
1865. *Erichtonius difformis* GOES, Cr. Amp. Maris Spetsb., p. 16.
1868. *Cerapus difformis* NORMAN, Rep. on the Shetl. Cr., p. 285.
1870. *Cerapus difformis* BOECK, Cr. Amph. bor. et arct., p. 170.
1876. *Cerapus difformis* BOECK, De Skand. og arkt. Amp., p. 615.
1877 *Cerapsus difformis* MEINERT, Nat. Tidssk., II B., 3 R., p. 157.
1879. *Cerapus difformis* HOEK, Tydschr. d. Ned. Dierk. Vereen, Del. IV, p. 126, t. V, f. 14-15.
1882 *Erichtonius difformis* G.-O. SARS, Vid. Selsk. Forh., p. 31.
1884 *Cerapus difformis* CHEVREUX, Ass. pour l'av. des Sciences. Blois, p. 314.

Hab. Concarneau, le Croisic.

Cet amphipode est très rare à Concarneau. J'en ai trouvé deux exemplaires, l'un mâle, l'autre femelle, sur la carapace de *Maïa squinado* dragué sur la plage de l'île du Loch, aux Glénans, par 5 ou 6 mètres de profondeur.

8. Corophidæ.

a. Corophinæ.

Gen. COROPHIUM Latreille.

128. Corophium crassicorne Bruzelius.

1830. *Corophium Bonellii* Milne-Edwards, Ann. Sc. nat., t. XX, p. 285.
1840. *Corophium Bonellii* Milne-Edwards, Hist. des Cr. III, p. 67.
1857. *Corophium acherusicum* Costa, R. sui Crost. Amfip. del reg. di Napoli, p. 232.
1859. *Corophium crassicorne* Bruzelius, Skand. Amph. gamm., p. 15, pl. I, f. 2.
1862. *Corophium crassicorne* Spence Bate, Cat. Amph. Crust. Brit. Mus., p. 282, pl. XLVII, f. 6.
1862. *Corophium acherusinum* Spence Bate, Cat. Amph. Crust. Brit. Mus., p. 282.
1862. *Corophium Bonelli* Spence Bate, Cat. Amph. Crust. Brit. Mus., p. 282.
1862. *Corophium spinicorne* Spence Bate, Cat. Amph. Crust. Brit. Mus., p. 281.
1863. *Corophium crassicorne* Spence Bate et Westwood, Br. sess. eyed Crust. I, p. 499.
1863. *Corophium Bonellii* Spence Bate et Westwood, Brit. sess. eyed Crust. I, p. 497.
1866. *Corophium acherusicum* Heller, Beitr. z. näher Kennt. d. Amph. d. Adriat. Meeres, p. 51.
1868. *Corophium crassicorne* Norman, Rep. on the Sh. Cr., p. 286.
1868. *Corophium Bonellii* Norman, Rep. on the Shetl. Cr., p. 286.
1870. *Corophium crassicorne* Boeck, Cr. Amp. bor. et arct., p. 176.
1876. *Corophium crassicorne* Boeck, De Skand. og arkt. Amph., p. 626, pl. XXVIII, f. 8.
1877. *Corophium crassicorne* Meinert, Naturhist. Tidssk., II B., 3 R., p. 158.
1879. *Corophium crassicorne* Hoek, Tydschr. d. Ned. Dierk. Vereen, Del. IV, p. 126, t. V, f. 16.
1880. *Corophium crassicorne* Nebeski, Arb. aus dem Zool. Inst. Univ. Wien, t. III, 2 h., p. 45.
1882. *Corophium crassicorne* G.-O. Sars, Vid. Selsk. Forh., p. 31.
1884. *Corophium crassicorne* Chevreux, Assoc. fr. pour l'av. des Sciences. Blois, p. 315.
1884. *Corophium Bonellii* Chevreux, Assoc. fr. pour l'av. des Sc. Blois, p. 315.

Hab. Wimereux, Concarneau, le Croisic.

Espèce rare, draguée une fois sur une *Phallusia mentula* dans la baie de la Forest. Cette même espèce a été trouvé à Wimereux par mon ami EUGÈNE CANU dans une poutre rejetée à la plage et creusée par *Limnoria lignorum*.

129. Corophium grossipes LINNÉ.

1767. *Cancer grossipes* LINNÉ, Syst. nat. Edit. XII, n. 80, p. 1055.
1775. *Gammarus longicornis* FABRICIUS, Syst. Entom. II, p. 515.
1776. *Oniscur volutator* O.-F. MULLER, Zool. Dan. Prod.
1776. *Gammarus grossipes* FABRICIUS Genera Insectorum, p. 248.
1777. *Oniscus volutator* PALLAS, Spicil. Zool. IX, p. 59, t. IV, f. 9.
1777. *Astacus linearis* PENNANT, Brit. Zool. IV, p. 17, pl. 16, f. 21.
1779. *Gammarus longicornis* FABRICIUS. Reise nach. Norw., p. 258.
1779. *Gammarus parvus?* FABRICIUS, Reise narch. Norweg., p. 258.
1789. *Gammarus longicornis* ROMER, Gen. Insect., p. 63, pl. XXXIII, f. 6.
1807. *Corophium longicorne* LATREILLE, Gen. Cr. et Ins., I, p. 59.
1814. *Corophium longicorne* LEACH, Edimb. Encycl. VII, p. 403.
1815. *Corophium longicorne* LEACH, Linn. Trans. XI, p. 362.
1818. *Corophium longicorne* LAMARCK, H. d. Anim. s. vert., p. 184.
1819. *Corophium longicorne* SAMOUELLE, Ent. Comp., p. 105.
1821. *Corophium longicorne* D'ORBIGNY, Jour. de Phys., Chim., d'Hist. nat. et des Arts, t. 93, p. 194.
1825. *Corophium longicorne* DESMAREST, Consid. sur les Crust., p. 270, pl. 46, f. 1.
1825. *Corophium longicorne* BREBISSON, Cat. d. Cr. du Calv., p. 28.
1829. *Corophium longicorne* GUÉRIN, Icon. des Crust., t. 27, f. 1.
1830. *Corophium longicorne* MILNE-EDWARDS, Ann. des Sc. nat., t. XX, p. 385.
1836. *Corophium grossipes* TEMPLETON, Mag. of Nat. Hist. aud Journ. IX, p. 12.
1840. *Corophium longicorne* MILNE-EDWARDS, Hist. nat. des Cr. III, p. 66, pl. 29, f. 16.
1844. *Corophium longicorne* ZADDACH, Syst. Crust. Pruss. Prod.
1850. *Corophium longicorne* WHITE, Cat. Brit. Crust., p. 55.
1857. *Corophium longicorne* WHITE, Hist. Brit. Crust., p. 193, pl. XI, f. 1.
1857. *Corophium longicorne* SPENCE BATE, Ann. Nat. Hist., 2e sér. XIX, p. 149.
1859. *Corophium longicorne* BRUZELIUS, Skand. Amp. gam., p. 14.
1862. *Corophium longicorne* SPENCE BATE, Cat. Amp. Brit. Mus., p. 280, pl. XLVII, f. 4.

1863. *Corophium longicorne* SPENCE BATE et WESTWOOD, Br. sess. eyed Crust. I, p. 493.
1868. *Corophium longicorne* NORMAN, R. on the Shetl. Cr., p. 286.
1870. *Corophium grossipes* BOECK, Cr. Amph. bor. et arct., p. 175.
1876. *Corophium grossipes* BOECK, De Skand. og arkt. Amph., p. 623, pl. XXVIII, f. 6.
1877. *Corophium grossipes* MEINERT, Naturhist. Tidssk., II B., 3 R., p. 158.
1879. *Corophium longicorne* HOEK, Tydschr. d. Ned. Dierk. Vereen, Deel IV, p. 126.
1881. *Corophium longicorne* DELAGE, Arc. de Zool. exp. IX, p. 153.
1882. *Corophium grossipes* G.-O. SARS, Vid. Selsk. Forh., p. 31.
1883. *Corophium longicorne* CHEVREUX, Assoc. pour l'av. des Sc. Rouen, p. 519.
1884. *Corophium longicorne* BELTREMIEUX, Faun. viv. de la Charente-Inf., p. 30.
1886. *Corophium longicorne* KŒHLER, F. litt. des îles Angl.-Norm.

Hab. Wimereux, Calvados, îles Anglo-Normandes, Roscoff, Concarneau, le Croisic, la Rochelle.

Cet amphipode se trouve fréquemment dans les eaux saumâtres et dans la vase. Il est très commun dans les vasières des marais salants du Croisic (CHEVREUX).

Gen. SIPHONÆCETES KROYER.

130. **Siphonæcetes typicus** KROYER.

1840. *Siphonœcetes typicus* KROYER, Voy. en Scand., pl. 20, f. 1.
1845. *Siphonœcetes typicus* KROYER, Nat. Tidsskr. 2 R. I. B, p. 481, pl. VII, f. 4.
1862. *Siphonœcetus typicus* SPENCE BATE, C. Amp. B. Mus., p. 270.
1863. *Siphonœcetes typicus* SPENCE BATE et WESTWOOD, Brit. ses. eyed Crust. I, p. 465.
1865. *Siphonœcetes typicus* GOES, Cr. Amph. Maris Spetsb., p. 17.
1868. *Siphonœcetes typicus* NORMAN, Rep. on the Shetl. Cr., p. 285.
1870 *Siphonœcetus typicus* BOECK, Cr. Amph. bor. et arct., p. 177.
1876. *Siphonœcetes typicus* BOECK, De Sk. og arkt. Amp., p. 632.
1884. *Siphonœcetes typicus* CHEVREUX, Assoc. pour l'av. des Sc. Blois, p. 315.
1886. *Siphonœcetes typicus* KŒHLER, F. litt. des îles Ang.-N., p. 60.

Hab. Iles Anglo-Normandes, Concarneau, le Croisic.

Dragué très rarement sur les algues de la baie de Concarneau (20 mètres).

9. **Cheluridæ.**

Gen. CHELURA PHILIPPI.

131. **Chelura terebrans** PHILIPPI.

1839. *Chelura terebrans* PHILIPPI, Arch. f. Naturgech. V, p. 120, pl. III, f. 5.
1839. *Chelura terebrans* ALLMAN, An. Nat. H. XIX, p. 361, pl. XIII.
1847. *Nemertes nesæoides* (LEACH) WHITE, Cat. Cr. Br. Mus., p. 90.
1850. *Chelura terebrans* WHITE, Cat. Brit. Crust., p. 56.
1855. *Chelura terebrans* GOSSE, Mar. Zool. I, p. 138, f. 250.
1855. *Chelura terebrans* SPENCE BATE, Brit. Assoc. Rep., p. 59.
1857. *Chelura terebrans* WHITE, Hist. Br. Cr., p. 202, pl. XI, f. 2.
1857. *Chelura terebrans* SPENCE BATE, Annat. Nat. Hist., 2e sér. XIX, p. 149.
1862. *Chelura terebrans* SPENCE BATE, Cat. Amph. Brit. Mus., p. 285, pl. XLVIII, f. 1.
1863. *Chelura terebrans* SPENCE BATE et WESTWOOD, Brit. sess. eyed Crust., p. 503.
1866. *Chelura terebrans* HELLER, Beitr. z. nah. Kennt. d. Amphip. d. Adriat. Meeres, p. 52.
1870. *Chelura terebrans* BOECK, Crust. Amp. bor. et arct., p. 173.
1876. *Chelura terebrans* BOECK, De Skand. og arkt. Amp., p. 647.
1881. *Chelura terebrans* DELAGE, Arch. de Zool. Exp. IX, p. 153.
1882. *Chelura terebrans* G.-O. SARS, Vid. Selsk. Forh., p. 31.
1882. *Chelura terebrans* SMITH, Pro. U. St. Nat. Mus., vol. V, p. 232.
1886. *Chelura terebrans* KŒHLER, F. litt. des îles Angl.-N., p. 60.

Hab. Wimereux (GIARD), îles Anglo-Normandes, Roscoff, Concarneau.

On le trouve toujours dans des bois d'épaves en compagnie de *Limnoria lignorum*. Je ne l'ai que très rarement rencontré.

III. AMPHIPODA CAPRELLINA.

Caprellidæ.

Gen. PROTO LEACH.

132. **Proto Goodsirii** SPENCE BATE.

1857. *Proto Godsirii* SPENCE BATE, Ann. Nat. H., 2e s. XIX, p. 151.
1857. *Proto Godsirii* WHITE, Hist. Brit. Crust., p. 218.
1862. *Proto Godsirii* SPENCE BATE, Cat. Amph. Brit. Mus., p. 350. pl. LV, f. 2.
1868. *Proto Godsirii* SPENCE BATE et WESTWOOD, Brit. sess. eyed Crust. II, p. 42.
1868. *Proto Godsirii* NORMAN, Rep. on the Shetland Crust., p. 288.
1870. *Proto Godsirii* BOECK, Crust. Amph. bor. et arct., p. 188.
1876 *Proto Godsirii* BOECK, De Skand. og arkt. Amph., p. 671, pl. XXXII, f. 2.
1881. *Proto Godsirii* DELAGE, Arch. de Zool. Exper. IX, p. 153.
1882. *Proto Goodsiri* G.-O. SARS, Vid. Selsk. Norh., p. 32.
1884. *Proto Godsirii* CHEVREUX, Ass. p. l'av. des Sc. Blois, p. 315.

Hab. Roscoff, Concarneau, Baie de Quiberon, le Croisic.

On le drague assez communément dans les fonds d'herbiers par 15 à 20 mètres (Baie de la Forest).

133. **Proto ventricosa** O.-F. MULLER.

1776. *Squilla ventricosa* O.-F. MULLER, Prod. Zool. Dan., fasc. II, p. 20, pl. LVI, f. 1-3.
1781. *Squilla ecaudata?* GRONOVIUS, A. Helv., p. 439, pl. IV, f. 8-10.
1789. *Gammarus pedatus* ABILDGAARD, Zool. Dan., fasc. III, p. 33, t. CI, f. 1-2.
1814. *Proto pedata* LEACH, Edimb. Encycl. VII, p. 433.
1815. *Cancer pedatus* MONTAGU, Linn. Trans. XI, p. 6, pl. 2, f. *b*.
1815. *Proto pedata* LEACH, Linn. Trans. XI, p. 362.
1817. *Leptomera pedata* LATREILLE, Règne animal III, p. 51.
1818. *Leptomera rubra* LAMARCK, Hist. des An. s. vert., t. V, p. 172.
1818. *Leptomera pedata* LAMARCK, Hist. d. An. s. vert., t. V, p. 172.
1823. *Proto pedata* FLEMING, Edimb. Phil. Journ. VIII, p. 296.

1825. *Proto pedatum* DESMAREST, Cons. sur les Cr., p. 276, pl. 28.
1825. *Leptomera pedata* DESMAREST, Cons. sur les Crust., p. 276, pl. 46, f. 3.
1825. *Leptomera ventricosa* DESMAREST, Cons. sur les Cr., p. 276.
1829. *Leptomera pedata* GUÉRIN, Icon. Crust., pl. XXVIII, f. 3.
1832. *Proton pedatum* BOUCHARD-CHANTEREAUX, Crust. du Boulonnais, p. 130.
1835. *Proto pedatus* JOHNSTON, Mag. Nat. Hist. VIII, p. 673, f. 72-73.
1840. *Leptomera pedata* MILNE-EDWARDS, Hist. des Cr. III, p. 109.
1842. *Leptomera pedata* KROYER, Nat. Tidsskr. I. R, 4 B., p. 607, t. VII, f. 13.
1843. *Leptomera pedata* RATHKE, Beit. z. faun. Norweg., p. 97.
1850. *Proto pedata* WHITE, Cat. Brit. Crust., p. 218.
1855. *Proto pedata* SPENCE BATE. Brit. Assoc. Rep.
1855. *Leptomera pedata* LILLJEBORG, Ofv. of Kgl. Vet. Akad. Forh.
1855. *Proto elongata* DANA, Th. Crust. Unit. stat. expl. Exped. during the years, 1839-42. Philadelphia, p. 809, taf. 54, f. 1.
1857. *Proto pedata* WHITE, Hist. Brit. Crust., p. 218.
1857. *Proto pedata* SPENCE BATE, Ann. Nat. H., 2e s. XIX, p. 151.
1858. *Leptomera pedata* M. SARS, Forh. i vid. selsk. i Christ., p. 150.
1860. *Proto pedata* BOECK, Forh. Ved. de Skand. Naturf., p. 670.
1862. *Proto pedata* SPENCE BATE, Cat. Amph. Br. Mus., p. 349.
1868. *Proto pedata* SPENCE BATE et WESTWOOD, Brit. sess. eyed Crust., p. 38.
1868. *Proto pedata* NORMAN, Rep. on the Shetland Crust., p. 288.
1870. *Proto ventricosa* BOECK, Crust. Amph. bor. et arct., p. 188.
1876. *Proto ventricosa* BOECK, De Skand. og arkt. Amph., p. 672, pl. XXXII, f. 3.
1877. *Proto ventricosa* MEINERT, Nat. Tidssk., II B., 3 R., p. 166.
1879. *Leptomera pedata* HOEK, Carcinolog. Tidschrift d. Nederl., p. 113, t. VIII, f. 1-3.
1881. *Proto pedata* DELAGE, Arch. de Zool. Exper. IX, p. 153.
1882. *Proto pedata* G.-O. SARS, Vid. Selsk. Forh., p. 32.
1882. *Proto ventricosa* MAYER, Die Capr. d. golf. v. Neapel, p. 22.
1884. *Proto pedata* CHEVREUX. Ass. fr. pour l'av. des Sc., p. 315.

Hab. Boulonnais, Roscoff, Concarneau, Baie de Quiberon, le Croisic.

Cette espèce n'est pas rare à Concarneau, mais elle est moins commune que dans le nord ; on la trouve surtout sur les Hydraires et les *Alcyonium digitatum*.

Gen. PROTELLA DANA.

134. **Protella phasma** MONTAGU.

1804. *Cancer phasma* MONTAGU, Linn. Trans. VII, p. 66, pl. VI, f. 3.
1812. *Astacus phasma* PENNANT, Brit. Zool. IV, p. 27.
1814. *Caprella phasma* LEACH, Edimb. Encycl. VII, p. 404.
1818. *Caprella phasma* LAMARCK, Hist. des Anim. s. vert. V, p. 174.
1818. *Caprella phasma* LATREILLE, Encycl. méth., p. 336, f. 37.
1823. *Caprella phasma* FLEMMING, Edimb. Phil. Journ. VIII, p. 297.
1825. *Caprella phasma* DESMAREST, Cons. sur les Crust., p. 278.
1835. *Caprella phasma* JOHNSTON, Mag. Nat. Hist. VIII, p. 669, f. 69.
1840. *Caprella phasma* MILNE-EDWARDS, Hist. des Cr. III, p. 108.
1842. *Caprella spinosa* GOODSIR, Edimb. New. Phil. Journ., p. 183, pl. 3, f. 1-3.
1845. *Ægina longispina* KROYER, Nat. Tidsskr. 2 R. I. B., p. 476.
1847. *Caprella phasma* WHITE, Cat. Brit. Mus.
1850. *Caprella phasma* WHITE, Cat. Brit. Crust. Mus.
1855. *Caprella phasma* GOSSE, Marine Zoolog., p. 223.
1857. *Caprella phasma* WHITE, Hist. Brit. Crust., p. 216.
1857. *Caprella spinosa* WHITE, Hist. Brit. Crust., p. 197.
1857. *Protella longispina* SPENCE BATE, Ann. Nat. Hist., 2e sér. XIX, p. 151.
1860. *Protella longispina* BOECK, Forh. Ved. de Skand. Nat., p. 670.
1862. *Protella phasma* SPENCE BATE, Cat. Amph. Cr. Brit. Mus., p. 351, pl. LV, f. 4.
1868. *Protella phasma* SPENCE BATE et WESTWOOD, Brit. sess. Eyed Crust. II, p. 45.
1870. *Ægina phasma* BOECK, Crust. Amph. bor. et arct., p. 191.
1876. *Ægina phasma* BOECK, De Skand. og arkt. Amph., p. 679.
1879. *Protella major* HALLER, Beit. zur Kennt. des Lœm. filiform. Zeits. f. Wiss. Zool. X, t. 22, f. 26.
1880. *Protella Danaæ* KOSSMANN, Zoolog. Ergeb. einer im Auf. der K. Acad. der Wissen. zu. Berlin. Reise in d. Kusten gebiete des Roth. Meeres. 2, Caprel., p. 126, t. 6, f. 12.
1881. *Protella phasma* DELAGE, Arch. de Zool. Exper. IX, p. 153.
1882. *Protella phasma* MAYER, Caprellid. d. golf. von Neapel, p. 29.
1882. *Ægina phasma* G.-O. SARS, Vid. Selsk. Forh., p. 32.
1884. *Protella phasma* CHEVREUX, Assoc. pour l'av. des Sciences. Blois, p. 315.
1886. *Protella phasma* KŒHLER, F. litt. des îles Angl.-N., p. 61.

Hab. Wimereux, îles Anglo-Normandes, Roscoff, Concarneau, le Croisic.

Cette espèce se trouve depuis la zône de balancement des marées, jusqu'à 80 mètres. On la trouve à marée basse, sur les *Alcyonium digitatum*, les *Synascidies*, les *Hydraires* et je l'ai draguée au-delà de la Jument des Glénans sur des *Aglaophenia myriophyllum*, fixés sur des *Dendrophyllia ramea*. Elle est commune.

Gen. CAPRELLA Lamarck.

135. **Caprella acanthifera** Leach.

1780. *Puce de mer arpenteuse* de Queronic, Mém. de Math. et de Ph. Ac. d. Sc. de Paris, t. IX, p. 329.
1814. *Caprella acanthifera* Leach, Edimb. Encycl. VII, p. 404.
1819. *Caprella acuminifera* Latreille, Nouv. dict. d'Hist. Nat., 2e édit., p. 245.
1825. *Caprella acuminifera* Desmarest, Cons. sur les Cr., p. 277.
1840. *Caprella acuminifera* Milne-Edwards, Hist. nat. des Cr. III, p. 107, pl. 33, fig. 1.
1847. *Caprella acanthifera* Thompson, Ann. Nat. Hist. XX, p. 245.
1850. *Caprella acanthifera* White, Cat. Crust. Brit. Mus., p. 60.
1857. *Caprella acanthifera* Spence Bate, A. Nat. Hist. XIX, p. 151.
1862. *Caprella calva* Spence Bate, Cat. Amph. Crust. Br. Mus., p. 259, pl. LVI, f. 11.
1866. *Caprella armata* Heller, Beitr. z. nah. Kennt. d. Amph. des Adriat. Meeres, t. IV, f. 20-21.
1866. *Caprella aspera* Heller, Beitr. z. nah. Kennt. d. Amph. des Adriat. Meeres, t. IV, f. 23.
1867. *Caprella acanthifera* White, Pop. Hist. Brit. Crust., p. 215.
1868. *Caprella acanthifera* Spence Bate et Westwood, Brit. sess. Eyed Crust. II, p. 65.
1868. *Caprella ferox* Czerniawsky, Arbeit. d. Russ. Nat. Vers., t. 6, f. 15-20.
1869. *Caprella fabris* Nardo, Ann. illust. 54 sp. di Crpst. Venezia, p. 259, pl. LVI, f. 11.
1879. *Caprella elongata* Haller, Beitr. z. Kennt. d. Læmodip. filif. zeitr. f. Wiss. Zool., t. 23, f. 4-5.
1881. *Caprella acanthifera* Delage, Arc. de Zool. Ex., t. IX, p. 153.
1882. *Caprella acanthifera* Mayer, Caprellid. des golf. von Neapel, p. 40.
1883. *Caprella acanthifera* Chevreux, Assoc. pour l'av. des Sc. Rouen, p. 519.

Hab. Wimereux, Roscoff, Concarneau, Le Croisic.

Commune sur les *Hydraires* et les *Bryozoaires* à marée basse ; je l'ai trouvée jusqu'à 20 mètres, dans le Maërl, en face les Pierres-Noires, au nord des Glénans.

136. **Caprella acutifrons** LATREILLE.

1812. *Cancer atomos?* PENNANT, Brit. Zool. IV, pl. XIII, f. 13.
1814. *Caprella Pennantis* LEACH, Edimb. Encycl. VII, p. 404.
1816. *Caprella acutifrons* LATREILLE, Nouv. Dict. d'Hist. Nat., 2ᵉ édit. VI, p. 433.
1825. *Caprella acutifrons* DESMAREST, Cons. sur les Crust., p. 277.
1835. *Caprella Pennantii* JOHNSTON, Mag. of Nat. Hist. VIII, p. 670.
1840. *Caprella acutifrons* MILNE-EDWARDS, Hist. Nat. des Crust. III, p. 108.
1849. *Caprella tabida* LUCAS, Explor. scientif. de l'Algérie, p. 58, pl. V, f. 6.
1850. *Caprella acutifrons* WHITE, Cat. Brit. Crust., p. 60.
1852. *Caprella Pennantii* COUCH, Report Penzance, Nat. Hist. Soc., p. 97.
1855. *Caprella robusta* DANA, United states Explor. expéd. Philadelph., t. 54, f. 3.
1857. *Caprella Pennantis* SPENCE BATE, Ann. Nat. H. XIX, p. 151.
1861. *Caprella obesa* VAN BENEDEN, Rech. sur la faune litt. de Belgique, t. 16 *bis*, f. 9-11.
1862. *Caprella acutifrons* SPENCE BATE, Cat. Amph. Crust. Brit. Mus., p. 356, pl. LVI, f. 6.
1866. *Caprella obtusa* HELLER, Beitr. zur nah. Kennt. des Amph. d. Adriat. Meeres, t. IV, f. 16.
1867. *Caprella acutifrons* WHITE, Pop. Hist. Brit. Crust., p. 216.
1868. *Caprella acutifrons* SPENCE BATE et WESTWOOD, Brit. sess. eyed Crust. II, p. 60.
1881. *Caprella acutifrons* DELAGE, Arch. de Zool. Exp. IX, p. 153.
1882. *Caprella acutifrons* MAYER, Caprellid. des golf. von Neapel, p. 428.
1883. *Caprella acutifrons* CHEVREUX, Assoc. pour l'av. des Sc. Rouen, p. 519.

Hab. Wimereux, Roscoff, Concarneau, le Croisic.

Commune à marée basse sur les *Plumulaires ;* se drague sur les algues dans la baie de la Forest, par 15 mètres de profondeur.

137. **Caprella hystrix** KROYER.

1840. *Caprella hystrix* KRÖYER, Voy. en Scand., pl. XXIV, f. 1.
1840. *Caprella acuminifera* MILNE-EDWARDS, Hist. des Cr., t. III, p. 107, pl. 33, f. 21.
1842. *Caprella hystrix* KROYER, Nat. Hist. Tidsskr. IV, p. 603, pl. VIII, f. 20-26.
1862. *Caprella acuminifera* SPENCE BATE, Cat. Amph. Brit. Mus., p. 359, pl. LVI, f. 11.
1868. *Caprella hystrix* SPENCE BATE et WESTWOOD, Brit. sess. eyed Crust. II, p. 63.
1868. *Caprella hystrix* NORMAN, Rep. on the Shetland Cr., p. 288.
1870. *Caprella hystrix* BOECK, Crust. Amph. bor. et arct., p. 197.
1876. *Caprella hystrix* BOECK, De Shand. og. arkt. Amph., p. 700.
1882. *Caprella hystrix* MAYER, Caprel. des golf. von Neapel, p. 55.
1882. *Caprella hystrix* G.-O. SARS, Vid. Selsk. Forh., p. 39.
1884. *Caprella hystrix* CHEVREUX, Assoc. pour l'av. des Sciences. Blois, p. 315.
1886. *Caprella hystrix* KŒHLER, F. litt. des îles Angl.-N., p. 61.

Hab. Iles Anglo-Normandes, Concarneau, le Croisic.

Espèce plus rare que les précédentes; on la drague dans la baie de Concarneau entre 10 et 20 mètres, sur les algues arrachées du fond.

138. **Caprella linearis** LINNÉ.

1767. *Cancer linearis* LINNÉ, Syst. Nat., édit. XII, p. 1056.
1774. *Ouiscus scolopendroïdes* PALLAS, Spicil. Zool. IX, p. 78, pl. IV, f. 15.
1775. *Cancer linearis* FABRICIUS, Entom. Syst., t. 2, p. 519.
1776. *Squilla lobata* MULLER, Zool. Dan. Prodr., p. 197, n° 2359.
1776. *Squilla quadrilobata* MULLER, Zool. Dan., fasc. II, p. 21, t. LVI, f. 4-5.
1789. *Gammarus quadrilobatus* MULLER, Zool. Dan., fasc. III, p. 58, t. CXIV, f. 11-12.
1804. *Cancer linearis* HERBST, Vers. einer Naturg. d. Krab. n. Krebse, t. 2, p. 36, f. 9-10.
1814. *Caprella linearis* LEACH, Edimb. Encycl., p. 404.
1816. *Cancer punctata* RISSO, Crust. de Nice, p. 130.
1818. *Caprella linearis* LATREILLE, Hist. Nat. des Crust. et des Ins., IV, p. 324, pl. LVII, f. 2-5.
1818. *Caprella linearis* LAMARCK, H. des Anim. s. vert., t. V, p. 174.

1825. *Caprella linearis* DESMAREST, Consid. sur les Crust., p. 278.
1825. *Capreola linearis* BREBISSON, Crust. du Calvados, p. 18.
1829. *Caprella lobata* GUÉRIN, Icon. Crust., pl. XXVIII, f. 2.
1835. *Caprella linearis* JOHNSTON, Mag. Nat. Hist. and Journ. VII, p. 672, f. 71.
1840. *Caprella linearis* MILNE-EDWARDS, Hist. des Cr. III, p. 106.
1840. *Caprella lobata* KROYER, Voy. en Scand., pl. XIV, f. 3.
1842. *Caprella linearis* GOODSIR, Edimb. New. Phil. Journ. XXIII, p. 190, pl. III, f. 8.
1842. *Caprella lobata* KROYER, Nat. Tidsskr. IV, p. 596.
1842. *Caprella lævis* GOODSIR, Edimb. New. Phil. Journ. XXX, p. 189, pl. III, f. 4.
1843. *Caprella linearis* RATHKE, Beitr. z. F. Norw., B. XX, p. 97.
1843. *Caprella phasma* RATHKE, Beitr. z. F. Norw., B. XX, p. 94.
1843. *Caprella acuminifera* RATHKE, Beitr. z. F. N., B. XX, p. 86.
1847. *Caprella lobata* THOMPSON, Ann. Nat. Hist. XX, p. 244.
1850. *Caprella lobata* LILLJEBORG, Gfv. of Kgl. Vet. Akad. Forh., p. 82.
1857. *Caprella linearis* WHITE, Hist. Brit. Crust., p. 214.
1857. *Caprella linearis* SPENCE BATE, Ann. Nat. Hist., 2e sér. XIX, p. 161.
1857. *Caprella lævis* WHITE, Pop. Hist. Brit. Crust., p. 215.
1858. *Caprella lobata* M. SARS, Forh. i Vid. selsk. i Christ., p. 150.
1862. *Caprella linearis* SPENCE BATE, Cat. Amph. Crust. Br. Mus., p. 353, pl. LV, f. 7.
1862. *Caprella lobata* SPENCE BATE, Cat. Amph. Crust. Brit. Mus., p. 354.
1863. *Caprella lobata* STIMPSON, Mar. Invert. G. Manan., p. 44.
1868. *Caprella linearis* SPENCE BATE et WESTWOOD, Brit. sess. eyed Crust. II, p. 52.
1868. *Caprella linearis* NORMAN, Rep. on the Shetl. Cr., p. 288.
1868. *Caprella lobata* SPENCE BATE et WESTWOOD, Brit. sess. ey. Crust II, p. 57.
1868. *Caprella lobata* NORMAN, Rep. on the Shetl. Crust., p. 288.
1868. *Caprella linearis* GRUBE, Mittheil. über St-Malo u. Roscoff, p. 139.
1870. *Caprella linearis* BOECK, Crust. Amph. bor. et arct., p. 193.
1876. *Caprella linearis* BOECK, De Scand. og arkt. Amph., p. 687.
1877. *Caprella linearis* MEINERT, Naturhist. Tidssk., II B., 3 R., p. 168.
1879. *Caprella linearis* HOEK, Tijdschr. d. Nid. Dierk. Vereen., Deel IV, p. 98, pl. V, f. 1-8.
1881. *Caprella linearis* DELAGE, Arch. de Zool. Expér. IX, p. 153.
1881. *Caprella lobata* DELAGE, Arch. de Zool. Expér. IX, p. 153.
1882. *Caprella linearis* G.-O. SARS, Vid. Selsk. Forh., p. 33.

1882. *Caprella linearis* MAYER, Caprel. des golf. von Neapel, p. 58.
1883. *Caprella linearis* CHEVREUX, Assoc. pour l'av. des Sciences. Rouen, p. 519.
1886. *Caprella linearis* KŒHLER, F. litt. des îles Angl.-N., p. 61.

Hab. Wimereux, Calvados, îles Anglo-Normandes, Saint-Malo, Roscoff, Concarneau, le Croisic.

C'est l'espèce la plus commune du genre ; on la trouve depuis la zône des marées jusqu'à 50 mètres sur les fonds d'algues et de *Spongites coralloïdes*.

139. **Caprella tuberculata** GUÉRIN.

1825. *Caprella acanthifera* JOHNSTON, Mag. Nat. Hist. VIII, p. 671, f. 70.
1829. *Caprella tuberculata* GUÉRIN, Iconog. Crust., pl. 28, f. 1.
1835. *Caprella acuminifera* JOHNSTON, Mag. Nat. H. VI, p. 40, f. 7.
1842. *Caprella tuberculata* GOODSIR, Edin. New. Phil. Journ. 33, p. 188, pl. III, f. 6.
1847. *Caprella tuberculata* THOMPSON, Ann. Nat. Hist. XX, p. 244.
1850. *Caprella tuberculata* WHITE, Cat. Brit. Crust., p. 60.
1852. *Caprella acanthifera* COUCH, Re. Penzance, Nat. Hist. Soc., p. 96.
1857. *Caprella tuberculata* SPENCE BATE, Ann. Nat. Hist. XIX, p. 151.
1862. *Caprella acanthifera* SPENCE BATE, Cat. Amph. Brit. Mus., p. 360, pl. 57, f. 2.
1867. *Caprella tuberculata* WHITE, Pop. Hist. Brit. Crust., p. 215, pl. XI, f. 5.
1868. *Caprella tuberculata* SPENCE BATE et WESTWOOD, Brit. sess. eyed Crust. II, p. 68.
1881. *Caprella tuberculata* DELAGE, Arch. de Zool. Expér., p. 153.
1882. *Caprella tuberculata* MAYER, Cap. des golf. von Neapel, p. 56.
1883. *Caprella tuberculata* CHEVREUX, Assoc. pour l'av. des Sc. Rouen, p. 519.

Hab. Wimereux, Roscoff, Concarneau, le Croisic.

Se trouve assez rarement sur *Cynthia rustica*, les *Plumulaires* et les *Bryozoaires* à marée basse.

ISOPODA.

I. ANISOPODA.

1. Tanaidæ.

Gen. APSEUDES Leach.

140. **Apseudes Latreillii** Milne-Edwards.

1828. *Rhœa Latreillii* Milne-Edwards, Ann. des Sc. Nat., XII, p. 292-294, pl. 13, A, fig. 1-8.
1838. *Rhœa Latreillii* Lamarck, Anim. sans vert., 2e édit., p. 29.
1840. *Rhœa Latreillii* Milne-Edwards, Hist. nat. d. Cr. III, p. 141.
1868. *Apseudes Latreillii* Spence Bate et Westwood, Brit Sess. Eyed Crust. II, p. 158.
1870. *Apseudes Latreillii* Grube, Mittheil über St-Malo und Roscoff, p. 139.
1881. *Apseudes Latreillii* Delage, Arch. de Zool. IX, p. 154.
1882. *Apseudes Latreillii* Sars, Arch. for. Math. og Nat. VII, p. 14.
1886. *Apseudes Latreillii* Normann et Stebbing, Isop. of the Lightning, etc., p. 82, pl. XVI.

Hab. Roscoff, Concarneau, Lorient.

Cette espèce est très fréquente à marée basse, à la plage de sable qui sépare l'île St-Nicolas de Bananec, aux Glénans. Elle est peu profondément enterrée dans le sol et on la trouve facilement en remuant le sable avec la main.

L'exemplaire type de Milne Edwards avait été dragué sur les bancs d'huîtres, à Port-Louis.

141. **Apseudes talpa** Montagu.

1808. *Cancer gammarus talpa* Montagu, Trans. Linn. Soc. IX, p. 98, pl. IV, f. 6.
1814. *Apseudes talpa* Leach, Edimb. Encycl. VII, p. 404.

1815. *Apseudes talpa* LEACH, Trans. Linn. Soc. XI, p. 372.
1816. *Eupheus ligioides?* RISSO, Cr. de Nice, p. 124, pl. III, f. 7.
1818. *Apseudes talpa* LATREILLE, Encycl. méth., pl. 336, f. 26.
1819. *Apseudes talpa* SAMOUELLE, Entomon. compend., p. 109.
1825. *Eupheus talpa* DESMAREST, Consid. sur les Crust., p. 285.
1826. *Eupheus ligioides?* RISSO, Hist. nat. de l'Europ. mér., p. 285.
1838. *Apseudis talpa* LAMARCK, Hist. nat. des An. sans vert., V, p. 290.
1838. *Apseudes ligioides* LAMARCK, Hist. nat. des An. sans vert., V. p. 291.
1840. *Apseudes talpa* MILNE-EDWARDS, Hist. nat. des Cr. III, p. 140.
1840. *Eupheus ligioides* MILNE-EDWARDS, H. nat. des Cr. III, p. 142.
1843. *Apseudes talpa* GUÉRIN, Icon. Crust., pl. XXVII, f. 6.
1845. *Apseudes talpa* LUCAS, Hist. nat. des Crust., p. 243.
1845. *Apseudes ligioides* LUCAS, Hist. nat. des Crust., p. 243.
1850. *Apseddes talpa* WHITE, Brit. Mus. Cat. Brit. Crust., p. 67.
1855. *Apseudes talpa* GOSSE, Man. Mar. Zool. I, p. 156, f. 245.
1867. *Apseudes talpa* WHITE, Pop. Hist. Brit. Crust., p. 226.
1868. *Apseudes talpa* SPENCE BATE et WESTWOOD, Brit. Sess. Ey. Crust. II, p. 148.
1870. *Apseudes talpa* GRUBE, Mittheil. über St-Malo und Roscoff, p. 139.
1877. *Apseudes talpa* MEINERT, Naturh. Tidssk, 3 R. 11 B., p. 85.
1880. *Apseudes talpa* STOSSICH, Faun. del Mar. Adriat., p. 43.
1881. *Apseudes talpa* DELAGE, Arch. de Zool. IX, p. 151.
1882. *Apseudes talpa* SARS, Rev. af Grupp. Isopod. Chelif., p. 10.
1883. *Apseudes talpa* CHEVREUX, Assoc. pour l'av. des Sc. Rouen, XII, p. 519.
1886. *Apseudes talpa* KŒHLER, Faun. des îles Anglo-Norm.
1886. *Apseudes talpa* NORMAN et STEBBING, Isop. of the Ligntning, etc., p. 81.

Non 1864. *Apseudes talpa* LILLJEBORG, Bidr. Till. Käm. Sverige orh. Nor. forek., p. 9.

Hab. Fécamp (GIARD), îles Anglo-Normandes, Roscoff, Concarneau, le Croisic.

On drague cette espèce, qui n'est pas commune, surtout sur des coquilles vides chargées de tubes de *Psygmobranchus* et de Serpules, par 15 à 20 mètres dans la baie de la Forest.

Gen. PARATANAIS Dana.

142. **Paratanaïs Savignyi** Gosse.

1836. *Zeuxo Westwoodiana?* Templeton, Trans. Ent. Soc. II, 203, pl. XVIII.
1855. *Tanaïs Savignyi* Gosse, Man. Mar. Zool., p. 246.
1868. *Paratanaïs forcipatus* Spence Bate et Westwood, Brit. ses. Eyed Crust. II, p. 138.
1881. *Paratanaïs Savignyi?* Delage, Arch. de Zool. IX, p. 134, pl. XI, f. 1-8.
1886. *Paratanaïs forcipatus* Kœhler, Faun. d. îles Angl.-Norm.

Non. 1841. *Tanaïs Savignyi* Kroyer, Nat. Hist. Tidssk. IV, p. 168-181, pl. XI, f. 1-12.
» 1865. *Tanaïs forcipatus* Lilljeborg, Bidr. Kän. Cr., p. 25.
» 1877. *Paratanaïs forcipatus* Meinert, Naturh. Tidssk., 3 R. II B., p. 87.

Hab. Iles Anglo-Normandes, Roscoff, Concarneau.

Cette espèce est très rare à Concarneau ; je n'en ai trouvé qu'un seul exemplaire en draguant par 25 mètres, en face des Pierres noires aux Glénans, sur fond de Maërl. C'était une femelle avec œufs, ce qui montre que Spence Bate a eu tort d'émettre quelques doutes sur la valeur de cette espèce qu'il prenait pour une forme jeune d'une autre espèce à cause de sa très petite taille.

2. **Anthuridæ.**

Gen. ANTHURA Leach.

143. **Anthura gracilis** Montagu.

1808 *Oniscus gracilis* Montagu, Trans. Linn. Soc. IX, p. 103, t. 5, f. 6.
1813. *Anthura gracilis* Leach, Edimb. Encycl. VII, p. 604.
1815. *Anthura gracilis* Leach, Trans. Linn. Soc. XI, p. 366.
1825. *Anthura gracilis* Desmarest, Consid. sur Crust., p. 291, t. 46, f. 13.

1840. *Anthura gracilis* MILNE-EDWARDS, Hist. nat. des Crust., t. III, p. 136, pl. 31, fig. 3.
1843. *Anthura gracilis* GUÉRIN, Icon. Crust., pl. XXX, f. 6.
1850. *Anthura gracilis* WHITE, Cat. Brit. Crust., p. 67.
1855. *Anthura gracilis* GOSSE, Man. Mar. Zool. I, f. 248.
1864. *Anthura gracilis* GRUBE, Insel Lussin, p. 76.
1867. *Anthura gracilis* WHITE, Pop. Hist. Brit. Crust., p. 225, pl. 12, f. 4.
1868. *Authura gracilis* SPENCE BATE et WESTWOOD, Brit. Sess. Eyed Crust. II, p. 160.
1880. *Authura gracilis* STOSSICH, Faun. del Mar. Adriat., p. 43.
1881. *Authura gracilis* DELAGE, Arch. de Zool. IX, p. 155.
1883. *Authura gracilis* CHEVREUX, Assoc. pour l'av. des Sciences. Rouen, XII, p. 519.
1886. *Authura gracilis* NORMAN et STEBBING, Isop. of the Lightning, etc., p. 122, pl. XXV, fig. III, IV.

Hab. Roscoff, Concarneau, le Croisic.

Cette espèce n'est pas très rare dans les *Spongites coralloïdes* que la drague ramène des fonds de 10 à 25 mètres au nord des îles Glénans.

Gen. PARANTHURA SPENCE BATE et WEESTWOOD.

144. **Paranthura nigropunctata** LUCAS.

1816. *Idotea penicillata?* RISSO, Hist. Cr. de Nice, p. 137, pl. 3, f. 10.
1825. *Idotea penicillata?* DESMAREST, Considér. sur Crust., p. 315.
1826. *Olisha penicillata?* RISSO, Hist. Europ. Mérid. V, p. 113.
1840. *Anthura gracilis* MILNE-EDWARDS, Hist. nat. des Crust. III, p. 136, pl. 31, f. 3.
1846. *Anthura nigropunctata* LUCAS, Explor. scient. de l'Algérie, p. 64, pl. V, f. 9.
1866. *Anthura nigropunctata* HELLER, Verhand. d. K. Zool. Bot. gesell. Wien., p. 732.
1868. *Paranthura costana* SPENCE BATE et WESTWOOD, Brit. Ses. Eyed Crust. II, p. 165.
1869. *Paranthura costana* GRUBE, Mittheil. über St-Waast, p. 125.
1870. *Paranthura costana* DORHN, Unters. Bau und Entw. der Arthrop., p. 91, pl. IX.
1881. *Paranthura costana* DELAGE, Arch. de Zool. IX, p. 155.

1886. *Paranthura costana* KŒHLER, Faun. viv. des îles Anglo-Norm.
1886. *Paranthura nigropunctata* NORMAN et STEBBING, Isop. of the Lightn., etc., p. 129, pl. XXNI, f. 2.

Hab. St-Waast la Hougue, îles Anglo-Normandes, Roscoff, Concarneau.

On drague très communément cette espèce dans les fonds à *Spongites* aux Glénans ; on la trouve aussi, mais plus rarement, à la côte, lors de la marée basse, dans les *Fucus*.

3. Anceidæ.

Gen. ANCEUS Risso.

145. Anceus maxillaris MONTAGU.

1804. *Oniscus maxillaris* (♂) MONTAGU, Trans. Linn. Soc. VII, p. 65, t. 6, f. 2.
1813. *Gnathia termitoïdes* LEACH, Edimb. Encycl. VII, p. 402.
1815. *Oniscus cærulatus* (♀) MONTAGU, Trans. Linn. Soc. XI, p. 16.
1818. *Gnathia maxillaris* LEACH, Encycl. Brit. Meth., p. 336, f. 25.
1818. *Anceus maxillaris* LAMARCK, Anim. s. vert. V, p. 168.
1825. *Anceus maxillaris* DESMAREST, Consid. sur les Crust., p. 283, pl. 46, f. 6.
1825 *Praniza cærulata* DESMAREST, Consid. sur les Crust., p. 284, pl. 46, f. 8.
1825. *Anceus forficularis* BREBISSON, Crust. du Calvados, p. 29.
1825. *Jone thoracicus?* BREBISSON, Crust. du Calvados, p. 30.
1840. *Anceus maxillaris* MILNE-EDWARDS, H. nat. des Cr. III, p. 197.
1840. *Anceus rapax* MILNE-EDWARDS, Hist. nat. des Crust. III, p. 196, t. 33, f. 12.
1840. *Praniza cærulata* MILNE-EDWARDS, Hist. nat. des Crust. III, p. 194, t. 33, f. 10.
1849. *Praniza obesa?* LUCAS, Ann. Ent. Soc. Fr., p. 465, pl. 15, f. 3.
1849. *Anceus rapax* CUVIER, Règne animal, pl. 62, f. 3.
1850. *Anceus maxillaris* WHITE, Cat. Brit. Crust., p. 74.
1850. *Praniza cærulata* WHITE, Cat. Brit. Crust., p. 74.
1867. *Anceus maxillaris* WHITE, Pop. Hist. Brit. Crust., p. 243, pl. 13, f. 5.

1867. *Praniza cœrulata* WHITE, Pop. Hist. Brit. Crust., p. 240, pl. 13, f. 4.
1868 *Anceus maxillaris* SPENCE BATE et WESTWOOD, Brit. Sess. Eyed Crust. II, p. 187.
1868. *Anceus maxillaris* NORMAN, Rep. on dredg. Shetland, p. 288.
1870. *Praniza cœrulata* GRUBE, Mittheil. über St-Malo u. Roscoff, p. 140.
1881. *Anceus maxillaris* DELAGE, Arch. de Zool. IX, p. 155.
1882. *Anceus maxillaris* G.-O. SARS, Oversigt af Norg. Cr., p. 15.
1883. *Anceus maxillaris* CHEVREUX, Assoc. pour l'av. des Sciences, Rouen, XII, p. 519.
1886. *Anceus maxillaris* KŒHLER, F. viv. des îles Anglo-Norm.
1886. *Praniza cœrulea* KŒHLER, F. viv. des îles Anglo-Norm.

Hab. Calvados, îles Anglo-Normandes, Roscoff, Concarneau, le Croisic.

Il est très commun, à marée basse, à la côte et aux Glénans.

146. **Anceus Halidaii** SPENCE BATE et WESTWOOD.

1868 *Anceus Halidaii* SPENCE BATE et WESTWOOD, Brit. Sess. Ey. Crust. II, p. 203.
1868. *Anceus formica?* HESSE, Mém. Etrang. Acad. Sc., t. 18, p. 269, pl. III, f. 5-7.
1881. *Anceus Halidaii* DELAGE, Arch. de Zool. Expér. IX, p. 155.
1884. *Anceus Halidaii* CHEVREUX, Assoc. pour l'av. des Sciences. Blois, XII, p. 315.

Hab. Roscoff, Concarneau, le Croisic.

Cet *Anceus* est rare ; je n'en ai trouvé qu'un exemplaire mâle sur une coquille de *Pecten maximus* draguée par 15 mètres, dans la baie de la Forest.

II. EUISOPODA.

1. Cymothoidæ.

Gen. CYMOTHOA FABRICIUS.

147. **Cymothoa æstroïdes** RISSO.

1826. *Canolira œstroïdes* RISSO, Hist. nat. de l'Europ. mérid., t. V, p. 123.

1840. *Cymothoa œstroïdes* Milne-Edwards, H. nat. d. Cr. III, p. 272.
1849. *Cymothoa œstroïdes* Lucas, Explor. de l'Alg., p. 78, t. 8, f. 3.
1866. *Cymothoa œstroïdes* Heller, Zool. Bot. gesell. Wied, p. 737.
1877. *Cymothoa œstroïdes* Stalio, Crost. Adriat., p. 236.
1880. *Cymothoa œstroïdes* Stossich, Faun. del Mar. Adriat., p. 45.

Hab. Concarneau.

Parasite assez rare des Labres.

Gen. ANILOCRA Leach.

148. **Anilocra mediterranea** Leach.

1818. *Anilocra mediterranea* Leach, Dict. Sc. Nat. XII, p. 350.
1825. *Anilocra mediterranea* Desmarest, Consid. sur Cr., p. 306.
1840. *Anilocra mediterranea* Milne-Edwards, Hist. nat. des Cr., III, p. 257.
1849. *Anilocra mediterranea* Milne-Edwards, Règ. an., t. 66, f. 1.
1866. *Anilocra mediterranea* Heller, Zool. Bot. ges. Wien., p. 741.
1877. *Anilocra mediterranea* Stalio, Cat. Crost. Adriat., p. 234.
1880. *Anilocra mediterranea* Stossich, Faun. del Mar. Adr., p. 46.
1881. *Anilocra mediterranea* Delage, Arch. de Zool. IX, p. 156.
1886. *Anilocra mediterranea* Kœhler, Faun. des îles Angl.-Norm.

Hab. Îles Anglo-Normandes, Roscoff, Concarneau.

Assez commun sur *Labrus vetula* (vulg. vieille ou perroquet). Les pêcheurs appellent ce parasite *Pou de Vieille.*

Gen. CIROLANA Leach.

149. **Cirolana Cranchii** Leach.

1818. *Cirolana Cranchii* Leach, Dict. Sc. Nat. XII, p. 347.
1825. *Cirolana Cranchii* Desmarest, Consid. sur les Cr., p. 303.
1840. *Cirolana Cranchii* Milne-Edwards, Hist. nat. des Crust. III, p. 236.
1850. *Cirolana Cranchii* White, Cat. Brit. Crust., p. 79.
1855. *Cirolana Cranchii* Gosse, Man. Mar. Zool. I, p. 230.
1867. *Cirolana Cranchii* White, Pop. Hist. Brit. Crust., p. 249, pl. XIV, f. 3.

1868. *Cirolana Cranchii* SPENCE BATE et WESTWOOD, Brit. Sess. Eyed Crust. II, p. 296.
1881. *Cirolana Cranchii* DELAGE, Arch. de Zool. Expér. IX, p. 156.
1883. *Cirolana Cranchii* CHEVREUX, Assoc. pour l'av. des Sciences, Rouen, XII, p. 519.
1886. *Cirolana Cranchii* KŒHLER, Faun. litt. des îles Angl.-Norm.

Hab. Iles Anglo-Normandes, Roscoff, Concarneau, le Croisic.

J'ai dragué quelques exemplaires de cette espèce au-delà de la Basse-Jaune par 80 mètres.

150. **Cirolana hirtipes** MILNE-EDWARDS.

1840. *Cirolana hirtipes* MILNE-EDWARDS, Hist. nat. des Crust. III, p. 236, t. 31, f. 25.
1847. *Cirolana hirtipes* W. THOMPSON, Ann. Nat. Hist. XX, p. 246.
1849 *Cirolana hirtipes* CUVIER, Règne animal, Crust., t. 67, f. 6.
1850. *Cirolana hirtipes* WHITE, Cat. Brit. Crust., p. 79.
1864. *Eurydice Swainsonii ?* GRUBE, Insel Lussin, p. 76.
1866. *Cirolana hirtipes* HELLER, Zool. Bot. gesell. Wien., p. 742.
1867. *Cirolana hirtipes* WHITE, Pop. Hist. Brit. Crust., p. 250.
1868. *Cirolana spinipes* SPENCE BATE et WESTWOOD, Brit. Sess. Eyed Crust., p. 299.
1877. *Cirolana hirtipes* STALIO, Cat. Cost. Adriat., p. 229.
1880. *Cirolana hirtipes* STOSSICH, Faun. del Mar. Adriat., p. 48.
1883. *Cirolana spinipes* CHEVREUX, Assoc. pour l'av. des Sciences. Rouen, XII, p. 519.

Hab. Concarneau, le Croisic.

Dragué avec le précédent. Rare.

Gen. CONILERA LEACH.

151. **Conilera cylindracea** MONTAGU.

1808. *Oniscus cylindraceus* MONTAGU, Trans. Linn. Soc. VII, p. 71, t. 6, f. 8.
1815. *Conilera Montagui* LEACH, Trans. Linn. Soc. XI, p. 370.
1815. *Anthura cylindrica* LEACH, Trans Linn. Soc. XI, p. 366.
1825. *Conilera Montagui* DESMAREST, Consid. sur les Cr., p. 305.

1840. *Conilera Montagui* MILNE-EDWARDS, Hist. nat. des Crust. III, p. 242.
1850. *Conilera cylindracea* WHITE, Cat. Brit. Mus. Crust., p. 80.
1850. *Conilera Montagui* WHITE, Cat. Brit. Mus. Crust., p. 80.
1850. *Anthura cylindrica* WHITE, Cat. Brit. Mus. Crust., p. 67.
1855. *Conilera cylindracea* GOSSE, Man. Mar. Zool. I, f. 234.
1867. *Conilera cylindracea* WHITE, Pop. Hist. Brit. Crust., p. 252, pl. 14, f. 6.
1868. *Conilera cylindracea* SPENCE BATE et WESTWOOD, Brit. Sess. Eyed Crust. II, p. 304.
1881. *Conilera cylindracea ?* DELAGE, Arch. de Zool. IX, p. 156.
1883. *Conilera Montagui* CHEVREUX, Assoc. pour l'av. des Scienc. XII. Rouen, p. 519.
1886. *Conilera cylindracea* KŒHLER, Faun. litt. des îles Anglo-Norm.

Hab. Iles Anglo-Normandes, Roscoff, Concarneau, le Croisic.

Ce petit crustacé est un des animaux qu'on rencontre le plus fréquemment dans les lieux où l'on drague l'*Amphioxus* ; je ne l'ai jamais trouvé que dans ces parages bien délimités et qui présentent une faune très spéciale.

Gen. NEROCILA LEACH.

152. **Nerocila bivittata** RISSO.

1816. *Cymothoa bivittata* RISSO, Crust. de Nice, p. 143.
1825. *Cymothoa bivittata* DESMAREST, Consid. sur les Cr., p. 310.
1826. *Anilocra bivittata* RISSO. Europ. Mérid. V, p. 124.
1840. *Nerocila bivittata* MILNE-EDWARDS, Hist. nat. des Crust. III, p. 252.
1840. *Nerocila affinis* MILNE-EDWARDS, H. nat. des Cr. III, p. 253.
1849. *Nerocila bivittata* MILNE-EDWARDS, Règne anim., t. 66, p. 5.
1866. *Nerocila bivittata* HELLER, Zool. Bot. gesell. Wien., p. 739.
1877. *Nerocila bivittata* STALIO, Cat. Cost. Adriat., p. 233.
1880. *Nerocila bivittata* STOSSICH, Faun. del Mar. Adriat., p. 47.
1883. *Nerocila affinis* CHEVREUX, As. pour l'av. des Sc., XII, p. 519.

Hab. Concarneau, le Croisic, golfe de Gascogne.

On trouve ce crustacé assez rarement fixé sur divers poissons, surtout sur les Raies.

153. **Nerocila maculata** Milne-Edwards.

1840. *Nerocila maculata* Milne-Edwards, Hist. nat. des Crust. III, p. 253.
1866. *Nerocila maculata* Heller, Zool. Bot. Gesell. Wien, p. 740.
1877. *Nerocila maculata* Stalio, Cat. Cost. Adriat., p. 233.
1880. *Nerocila maculata* Stossich, Faun. del Mar. Adriat., p. 47.
1883. *Nerocila maculata* Chevreux, Assoc. pour l'av. des Sciences. Rouen, XII, p. 519.

Hab. Concarneau, le Croisic, golfe de Gascogne.

Cette espèce est assez fréquemment fixée sur les Sardines.

Gen. EURYDICE Leach.

154. **Eurydice pulchra** Leach.

1778. *Agaat pissebet* Slabber, Naturk. Verlust, p. 149, pl. 17, f. 12.
1815. *Eurydice pulchra* Leach, Trans. Linn. Soc. XI, p. 370.
1825. *Eurydice pulchra* Desmarest, Consid. sur les Crust., p. 302.
1840. *Eurydice pulchra* Milne-Edwards, Hist. nat. des Cr., p. 238.
1847. *Eurydice pulchra* W. Thompson, Ann. Nat. Hist. XX, p. 240.
1850. *Eurydice pulchra* White, Cat. Crust. Brit., p. 79.
1855. *Eurydice pulchra* Gosse, Man. Mar. Zool. I, f. 231.
1861. *Slaberrina agatha* Van Beneden, Rech. sur Faun. litt. de Belg., p. 88, pl. 15.
1866. *Eurydice pulchra* Hesse, Observ. sur Crust. de Bret., Ann. Sc. Nat. V, p. 242.
1866. *Eurydice pulchra* Schiodte, Krebsd. sugem. Nat. Tidssk., 3 R. 2 B., p. 178, t. X, fig. 4.
1867. *Eurydice pulchra* White, Pop. Hist. Brit. Crust., p. 250.
1868. *Eurydice pulchra* Spence Bate et Westwood, Brit. sess. Eyed Crust. II, p. 310.
1868. *Eurydice pulchra* Norman, Rep. on dredg. of Shetl., p. 288.
1877. *Eurydice pulchra* Meinert, Naturh. Tidssk. 3 R. II B., p. 90.
1882. *Eurydice pulchra* G.-O. Sars, Overs. af Norges Cr., p. 15.

Hab. : Wimereux, Concarneau, Quiberon.

Ce joli petit Isopode est très fréquent sur les plages de sable, surtout au moment où la mer remonte. Il est très vorace, et on le voit souvent recouvrir par milliers les débris organiques qui se trouvent sur la grève. Aussi ne doit-on jamais en laisser, même un seul individu, dans des vases où se trouvent des pêches pélagiques ou des embryons.

On le rencontre aussi nageant à la surface, très loin des côtes, et quand la drague le ramène c'est qu'elle le capture ainsi en remontant du fond.

2. **Bopyridæ**.

Gen. LEPONISCUS GIARD.

155. **Leponiscus pollicipedis** GIARD.

1887. *Leponiscus pollicipedis* GIARD, Bull. scientif. du Nord, 2e sér. X, p. 52.

Hab. Concarneau.

Un exemplaire mâle trouvé sur environ deux cents individus de *Pollicipes cornucopiæ* fixés dans une fente de rocher à l'îlot de Penn-ar-vas-hir dans la baie de la Forest.

Gen. ENTONISCUS F. MUELLER.

156. **Entoniscus Mülleri** GIARD et BONNIER.

1886. *Entoniscus Mülleri* GIARD et BONNIER, Comptes-rendus de l'Académie, 11 octobre.

1887. *Entoniscus Mülleri* GIARD et BONNIER, Contrib. à l'étude des Bopyriens, p. 234, pl. IV, fig. 6.

Hab. Concarneau.

Nous n'avons trouvé qu'un seul exemplaire de cette espèce, une femelle jeune dans *Porcellana longicornis* draguée baie de la Forest.

Gen. PORTUNION GIARD et BONNIER.

157. **Portunion mænadis** GIARD.

1886. *Entoniscus Mænadis* GIARD, Compt.-rend. de l'Acad. des Sc., 3 mai.

1886. *Entoniscus Mænadis* Giard et Bonnier, Compt.-rend. de l'Académie, 24 mai.
1886. *Portunion Mænadis* Giard et Bonnier, Comptes-rendus de l'Académie, 11 oct.
1887. *Portunion Mænadis* Giard et Bonnier, Contrib. à l'étude des Bopyriens, p. 243, pl. IV et V.

Hab. Wimereux, Fécamp, Concarneau.

Cet Entoniscien n'est pas très rare (1 pour 100 individus environ) dans les *Carcinus Mænas* pris à la côte.

158. **Portunion Salvatoris** Kossmann.

1881. *Entione Salvatoris* Kossmann (*E. Moniezii*), Mittheil. d Zool. stat. zu Neapel, III Bd, 1 Heft, p. 158, pl. VIII, f. 1, 2, 3
1886. *Portunion Salvatoris* Giard et Bonnier, Compt.-rend. de l'Académie, 11 oct.
1887. *Portunion Salvatoris* Giard et Bonnier, Contrib. à l'étude des Bopyriens, p. 245.

Hab. Concarneau.

Nous avons trouvé trois fois ce parasite sur environ cinquante exemplaires de *Portunus arcuatus*, dragués dans la Baie de la Forest par de petites profondeurs.

Deux fois nous l'avons trouvé sur des *Portunus* déjà infestés par *Sacculina similis* Giard, espèce très voisine de *Sacculina carcini* Thompson.

Gen. CANCRION Giard et Bonnier.

159. **Cancrion floridus** Giard et Bonnier.

1886. *Cancrion floridus* Giard et Bonnier, Compt.-rend. de l'Acad., 11 oct.
1887. *Cancrion floridus* Giard et Bonnier, Contrib. à l'étude des Bopyriens, p. 242, pl. VI, fig. 1.

Cette espèce infeste le *Xantho floridus*, et, comme toujours, se trouve sur les petits individus ; il n'est pas très fréquent ; nous en avons trouvé trois exemplaires sur environ 900 crabes examinés.

Gen. IONE LATREILLE.

160. **Ione thoracica** MONTAGU.

1808. *Oniscus thoracicus* MONTAGU, Trans. Linn. Soc. IX, p. 103, pl. 3, f. 3-4.
1817. *Ione thoracicus* LATREILLE, Règne anim., 1re édit., p. 54.
1818. *Ione thoracicus* LATREILLE, Encycl. méth., pl. 336, f. 46.
1818. *Ione thoracicus* LAMARCK, Anim. s. vert. V, p. 170.
1825. *Ione thoracicus* DESMAREST, Consid. sur les Crust., p. 286, t. 46, f. 10.
1840. *Ione thoracicus* MILNE-EDWARDS, Hist. Crust. III, p. 280, t. 33, f. 14-15.
1849. *Ione thoracicus* MILNE-EDWARDS, Règne an., Cr., t. 59, f. 1.
1850. *Ione thoracicus* WHITE, Cat. Brit. Crust., p. 81.
1866. *Ione thoracica* HELLER, Zool. Bot. Gesell. Wien, p. 749.
1867. *Ione thoracicus* WHITE, Pop. Hist. Brit. Crust., p. 254, pl. XIV, f. 8.
1868. *Ione thoracica* SPENCE BATE et WESTWOOD, Brit. Sess. Eyed Crust. II, p. 255.
1880. *Ione thoracica* STOSSICH, Faun. del Mar. Adriat., p. 53.
1881. *Ione thoracica* KOSSMANN, Studien über Bopyrid. III, Mittheil. d. Zool. station zu Neapel III, Bd. 1, 2 Heft., pl. 170, pl. X.
1887. *Ione thoracica* GIARD et BONNIER, Contrib. à l'étude des Bopyriens, p. 76.

Hab. Wimereux, côtes de la Manche (MILNE EDWARDS) Concarneau.

Dans la cavité branchiale de *Callianassa subterranea*. BREBISSON (Crust. du Calvados, p. 30) dit qu'*Ione thoracica* se trouve sous les pierres baignées par la mer. Cette erreur provient sans doute, comme l'indique SPENCE BATE, de la référence inexacte fait par LATREILLE (Encycl. Meth.) de l'*Oniscus cœruleatus* (*Praniza*) à l'*Oniscus thoracicus*.

Gen. CANCRICEPON Giard et Bonnier.

161. **Cancricepon pilula** Giard et Bonnier.

1886. *Cepon pilula* Giard et Bonnier, Compt.-rend. de l'Acad. des Sciences, 8 novembre.
1887. *Cancricepon pilula* Giard et Bonnier, Contrib. à l'étude des Bopyriens, p. 73, pl. II, fig. 1.

Hab. Concarneau.

Cet Ionien est rare à Concarneau; nous n'en avons trouvé qu'un seul exemplaire sur une très petite femelle de *Xantho floridus*, sur les 900 crabes que nous avons examinés.

Gen. BOPYRUS Latreille.

162. **Bopyrus squillarum** Latreille.

1772. *Insecte qui s'attache à la crevette* Fougeroux de Bondaroy, Mém. Acad. Sc., p. 29, t. 1.
1798. *Monoculus crangorum* Fabricius, Ent. Syst. supp., p. 306.
1802. *Monoculus crangorum* Bosc, Hist. des Crust. II, p. 216.
1808. *Oniscus squillarum ?* Montagu, Trans. Linn. Soc. IX, p. 105.
1810. *Bopyrus squillarum* Latreille, Hist. nat. Crust. VII, p. 55,
1816. *Bopyrus palæmonis* Risso, Crust. de Nice, p. 148.
1818. *Bopyrus squillarum* Lamarck, Anim. sans vert. V, p. 164.
1818. *Bopyrus palæmonis* Lamarck, Anim. sans vert. V. p. 165.
1825. *Bopyrus squillarum* Desmarest, Consid. sur les Cr., p. 325, pl. 49, f. 8-14.
1825. *Bopyrus palæmonis* Desmarest, Consid. sur les Cr., p. 39.
1825. *Bopyrus squillarum* Brebisson, Cat. des Crust. du Calvados, p. 39.
1832. *Bopyrus squillarum* Bouchard-Chantereaux, Crust. du Boulonnais.
1837. *Bopyrus squillarum* Rathke, De Nereide et Bopyro.
1840. *Bopyrus squillarum* Milne-Edwards, Hist. nat. des Crust. III, p. 282.
1850. *Bopyrus squillarum* White, Cat. Crust. Brit., p. 82.
1867. *Bopyrus squillarum* White, Pop. Hist. Brit. Crust., p. 256.
1868. *Bopyrus squillarum* Spence Bate et Westwood, Brit. Sess. Eyed Crust. II, p. 218.
1869. *Bopyrus palæmonis* Grube, Mittheil. über St-Waast, p. 121.

1877. *Bopyrus squillarum* MEINERT, Nat. Tidssk. 3 R. II B., p. 87.
1881. *Bopyrus squillarum* DELAGE, Arch. de Zool. IX, p. 155.
1883. *Bopyrus squillarum* CHEVREUX, Assoc. pour l'av. des Sc., XII. Rouen, p. 519.
1884. *Bopyrus squillarum* BELTREMIEUX, Faun. viv. de la Charente, p. 28.
1886. *Bopyrus squillarum* KŒHLER, Faun. litt. des îles Anglo-Norm.

Hab. Boulonnais, Calvados, Saint-Waast-la-Hougue, îles Anglo Normandes, Roscoff, Concarneau, le Croisic, la Rochelle.

Dans la cavité branchiale de *Palæmon serratus*.

Ce parasite, si commun dans la Manche, est beaucoup plus rare dans l'Océan Atlantique.

Gen. PLEUROCRYPTA HESSE.

163. **Pleurocrypta galatheæ** HESSE.

1865. *Pleurocrypta galatheæ* HESSE, Ann. des Sc. Natur., 5e sér., vol. III, p. 226, pl. 4.
1868. *Phryxus galatheæ* SPENCE BATE et WESTWOOD, Brit. Sess. Eyed Crust. II, p. 249.
1868. *Phryxus galatheæ* NORMAN, Rep. on dredg. Shetland, p. 288.
1882. *Pleurocrypta galatheæ* G.-O. SARS, Oversigt. af Norg. Crust., p. 18.

Hab. Fécamp (GIARD), Brest, Concarneau, le Pouliguen.

Ce Bopyrien, qui se loge dans la cavité branchiale de *Galathea squamifera*, est rare.

3. **Asellidæ.**

Gen. ASELLUS GEOFFROY.

164. **Asellus aquaticus** LINNÉ.

1764. *Aselle* GEOFFROY, Ins. Par. II, p. 672, t. 22, f. 2.
1766. *Oniscus aquaticus* LINNÉ, Syst. nat., édit. XII, p. 1061, n° 11.
1767. *Squilla asellus* DE GEER, Ins. VII, t. 31, f. 1-20.

1775. *Cynothoa aquatica* FABRICIUS, Ent. System. II, p. 505.
1787. *Oniscus aquaticus* RÖMER, Gen. Ins., pl. 30, f. 12.
1789. *Asellus aquaticus* OLIVIER, Enc. méth. IV, p. 252.
1804. *Asellus vulgaris* LATREILLE, Hist. nat. Cr., p. 359, t. 58, f. 1.
1815. *Asellus aquaticus* LEACH, Transac. Linn. Soc., p. 373.
1825. *Asellus vulgaris* DESMAREST, Consid. sur les Crust., p. 314, pl. 49, f. 1, 2.
1825. *Asellus vulgaris* BREBISSON, Crust. du Calvados, p. 33.
840. *Asellus vulgaris* MILNE-EDWARDS, H. nat. des Cr. III, p. 146.
1849. *Asellus vulgaris* CUVIER, Règne Anim., pl. 70, f. 1.
1850. *Asellus aquaticus* WHITE, Cat. Brit. Crust., p. 69.
1867. *Asellus aquaticus* WHITE, Pop. Hist. Brit. Crust., p. 230, pl. 12, f. 6.
1868. *Asellus aquaticus* SPENCE BATE et WESTWOOD, Brit. Sess. Eyed Crust. II, p. 348.
1877. *Asellus aquaticus* MEINERT, Natur. Tidssk., 3 R. II B., p. 80.
1883. *Asellus vulgaris* CHEVREUX, Assoc. pour l'av. des Sciences. Rouen, XII, p. 519.
1884. *Asella vulgaris* BELTREMIEUX, Faun. viv. de la Charente, p. 29.

Commun dans tous les cours d'eau des environs de Concarneau.

Gen. JÆRA LEACH.

165. **Jæra marina** FABRICIUS.

1761. *Oniscus semicyl. cauda ovat. oblonga* LINNÉ, Faun. succ., nº 2075.
1776. *Oniscus semicyl. caud., etc.* MULLER, Zool. Dan. pr., nº 2373.
1780. *Oniscus marinus* FABRICIUS, Fauna Groenland, p. 252, nº 229.
Oniscus albifrons MONTAGU, MSS. in Brit. Mus.
1813. *Jæra albifrons* LEACH, Edimb. Encycl. III, p. 434.
1815. *Jæra albifrons* LEACH, Trans. Linn. Soc. XI, p. 373.
1825. *Jæra albifrons* DESMAREST, Consid. sur les Crust., p. 316.
1829. *Jæra albifrons* LATREILLE, Règne An., 2e édit., t. 4, p. 141.
1840. *Jæra Kroyeri* MILNE-EDWARDS, Hist. nat. des Cr. III, p. 149.
1840. *Jæra albifrons* MILNE-EDWARDS, Hist. nat. des Cr. III, p. 150.
1844. *Jæra Kroyerii* ZADDACH, Synops. Crust. prod., p. 11.
1847. *Jæra albifrons* W. THOMPSON, Ann. Nat. Hist. XX. p. 245.
1848. *Jæra baltica* MULLER, Arh. f. Naturg. 14 Jahgr. I Bd, p. 63.
1849. *Jæra Kroyerii* MILNE-EDWARDS, Atlas du Règne Anim. Cr., pl. 70, f. 1.
1855. *Jæra albifrons* GOSSE, Man. Mar. Zool. I, p. 243.
1856. *Jæra Hopeana* COSTA, F. del reg. di Napoli, fasc. 83, t. III.

1866. *Jæra Kroyerii* HELLER, Zool. Bot. Gesell. Wien, p. 732.
1868. *Jæra albifrons* SPENCE BATE et WESTWOOD, Brit. Sess. Eyed Crust. II, p. 317.
1873. *Jæra marina* MOEBIUS, Die Wirbell. Thier. der Ostsee. Jahr. der Comm. z. wiss. Unter. in Kiel, I Jarhrg, p. 122.
1877. *Jæra albifrons* MEINERT, Naturh. Tidssk. 3 R. II Bind, p. 80.
1877. *Jæra Kroyerii* STALIO, Cat. Crost. Adriat., p. 212.
1880. *Jæra albifrons* HARGER, Proced. of the Unit. stat. nat. Mus., vol. II, p. 158.
1880. *Jæra Kroyerii* STOSSICH, Faun. del Mar. Adriat., p. 52.
1881. *Jæra albifrons* DELAGE, Arch. de Zool. Expér. IX, p. 155.
1882. *Jæra albifrons* G.-O. SARS, Overs. af Norg. Crust., p. 16.
1883. *Jæra albifrons* CHEVREUX, Assoc. pour l'av. des Scienc., XII. Rouen, p. 519.
1884. *Jæra marina* WEBER, Die Isopoden des Will. Barents, etc.
1886. *Jæra marina* BOVALLIUS, Bihang til K. Svensk. Vet. Akad. Hadd. B 2, nº 15, p. 44.
1887. *Jæra marina* SYE, Beit. z. Anat, und Hist. v. I. marina.

Hab. Wimereux, Roscoff, Concarneau, le Croisic, Côtes de la Vendée.

Très commun sur les pierres plates, à marée basse, à un niveau moyen avec *Amphiura squammata*.

Gen. JANIRA LEACH.

166. **Janira maculosa** LEACH.

1813. *Janira maculosa* LEACH, Edimb. Encycl. VII, p. 434.
1815. *Janira maculosa* LEACH, Trans. Linn. Soc. XI, p. 373.
1829. *Oniscoda maculosa* LATREILLE, Règne Anim. IV, p. 141.
1840. *Oniscoda maculosa* MILNE-EDWARDS, Hist. nat. des Crust. III, p. 151.
1843. *Janira maculosa* RATHKE, Nov. Act. XX, p. 24.
1844. *Henopomus muticus* KROYER, Karcin. Bid. Nat. Tidssk., 2 R. 2 B., p. 366.
1845. *Henopomus muticus* KROYER, Guimard, voy. Crust., t. XXX, f. 1 a-n.
1850. *Janira maculosa* WHITE, Cat. Brit. Mus. Crust., p. 70.
1855. *Oniscoda maculosa* GOSSE, Man. Mar. Zool. I, p. 244.
1867. *Oniscoda maculosa* WHITE, Hist. Pop. Brit. Crust., p. 184, pl. 12, f. 7.

1868. *Janira maculosa* SPENCE BATE et WESTWOOD, Brit. Sess. Eyed Crust. II, p. 338.
1868. *Janira maculosa* NORMAN, Rep. on dredg. Shetland, p. 288.
1877. *Janira maculosa* MEINERT, Naturh. Tidssk., 3 R. II B., p. 78.
1881. *Janira maculosa* DELAGE, Arch. de Zool. Expér. IX, p. 155.
1882. *Janira maculata* G.-O. SARS, Overs. af Norg. Crust., p. 16.
1886. *Janira maculosa* KŒHLER, Faun. litt. d. îles Angl.-Norm.

Hab. Wimereux, Iles Anglo-Normandes, Roscoff, Concarneau.

On trouve fréquemment cette espèce sur les gros fragments de Maërl rapportés par la drague ; sa couleur rouge foncé s'adapte parfaitement à la teinte des *Spongites Coralloïdes* sur lesquels il vit. A Wimereux, où on le trouve sur *Alyconium digitatum*, il est d'une teinte orangée pâle mimant la couleur de son substratum ordinaire.

Gen. LIMNORIA LEACH.

167. **Limnoria lignorum** T. RATHKE.

1799. *Cymothoa lignorum* T. RATHKE, Iagttag. Indvolds. Blod., p. 101, t. 3, f. 14, a-d.
1813. *Limnoria terebrans* LEACH, Crustaceol. Edimb. Enc., p. 433, tab. Vien. Ins., p. 371.
1819. *Limnoria terebrans* SAMOUELLE, Ent. Compend., p. 109.
1825. *Limnoria terebrans* DESMAREST, Consid. sur les Cr., p. 312.
1840. *Limnoria terebrans* MILNE-EDWARDS, Hist. nat. des Crust. III, p. 145.
1840. *Limnoria terebrans* W. THOMPSON, Ed. New. Phil. Tourn. XVIII, p. 127.
1849. *Limnoria terebrans* WESTWOOD, Gardeners Chronicle, p. 388.
1849. *Limnoria terebrans* MILNE-EDWARDS, Règ. An., pl. 67, f. 5.
1855. *Limnoria terebrans* GOSSE, Man. Mar. Zool. I, p. 422.
1867. *Limnoria terebrans* WHITE, Pop. Hist. Brit. Crust., p. 227, pl. 12, f. 5.
1868. *Limnoria lignorum* SPENCE BATE et WESTWOOD, Brit. Sess. Eyed Crust., p. 351.
1868. *Limnoria lignorum* NORMAN, Rep. on dredg. Sheth., p. 288.
1877. *Limnoria lignorum* MEINERT, Nat. Tidssk., 2 R. II B., p. 77.

1882. *Limnoria lignorum* G.-O. SARS, Overs. af Norg. Cr., p. 16.
1886. *Limnoria lignorum* KŒHLER, Faun. litt. des îles Ang.-Norm.

Hab. Wimereux, Iles Anglo-Normandes, Concarneau.

Ce petit Isopode perforant creuse ses galeries dans les bois d'épaves perforés par les Tarets ; on trouve en sa compagnie *Chelura terebrans* et *Corophium grossipes*.

4. Idoteidæ.

Gen. ARCTURUS LATREILLE.

168. **Arcturus gracilis** GOODSIR.

1842. *Leachia gracilis* GOODSIR, Edimb. New. Phil. Journ. XXXI, p. 310, pl. 6, fig. 4.
1850. *Arcturus gracilis* WHITE, Cat. Brit. Crust., p. 64.
1867. *Arcturus gracilis* WHITE, Pop. Hist. Brit. Crust., p. 222.
1868. *Arcturus gracilis* SPENCE BATE et WESTWOOD, Brit. Sess. Eyed Crust. II, p. 373.
1868. *Arcturus gracilis* NORMAN, Rep. on dredg. Shetland, p. 289.
1883. *Arcturus gracilis* CHEVREUX, Assoc. franç. pour l'av. des Sc. Rouen, XII, p. 519.

Hab. Concarneau, le Croisic.

Rare. Je l'ai trouvé sur une coquille vide de *Pecten maximus* couverte de Serpules, de *Psygmobranchus*, d'Hydaires, etc. draguée dans la baie de la Forest, par 15 mètres de profondeur.

Gen. IDOTEA FABRICIUS.

169. **Idotea acuminata** LEACH.

1813. *Stenosoma acuminatum* LEACH, Edimb. Encycl., p. 433.
1815. *Stenosoma acuminatum* LEACH, Trans. Linn. Soc. XI, p. 366.
1837. *Leptosoma capito* RATHKE, F. d. Krym., p. 384, pl. 6, f. 7-9.
1840. *Idotea capito* MILNE-EDWARDS, Hist. nat. des Cr. III, p. 135.
1850. *Idotea acuminata* WHITE, Cat. Brit. Mus. Crust., p. 66.
1866. *Idotea capito* HELLER, Zool. Bot. Gesell. Wien, p. 730.
1867. *Idotea acuminata* WHITE, Pop. Hist. Brit. Crust., p. 224.

1868. *Idotea acuminata* SPENCE BATE et WESTWOOD, Brit. Sess. Eyed Crust. II, p. 391.
1877. *Idotea capito* STALIO, Cat. Crost. Adriat., p. 209.
1880. *Idotea capito* STOSSICH, Faun. del Mar. Adriat., p. 51.
1881. *Idotea acuminata* DELAGE, Arch. de Zool. Expér. IX, p. 155.
1886. *Idotea acuminata* KŒHLER, Faun. des îles Angl.-N.

Hab. Iles Anglo-Normandes, Roscoff, Concarneau.

C'est la plus rare des Idotées de Concarneau ; je n'en ai trouvé qu'un exemplaire, à marée basse, entre les gros rochers de la pointe du Cabellou.

170. **Idotea appendiculata** RISSO.

Leptosoma lancifer LEACH, MSS. in Brit. Mus.
1826. *Leptosoma appendiculata* RISSO, Hist. nat. Em. Mérid. V, p. 107, t. 4, f. 23.
1840. *Idotea appendiculata* MILNE-EDWARDS, Hist. nat. des Crust. III, p. 135.
1850. *Idotea appendiculata* WHITE, Cat. Brit. Mus. Crust., p. 66.
1864. *Idotea appendiculata* GRUBE, Insel Lussin, p. 76.
1866. *Idotea appendiculata* HELLER, Zool. Bot. Ges. Wien, p. 731.
1867. *Idotea appendiculata* WHITE, Pop. Hist. Brit. Crust., p. 224.
1868. *Idotea appendiculata* SPENCE BATE et WESTWOOD, Brit. Sess. Eyed Crust. II, p. 396.
1870. *Idotea appendiculata* GRUBE, Mittheil. über St-Malo und Roscoff, p. 139.
1877. *Idotea appendiculata* STALIO, Cat. Cost. Adriat. p. 208.
1880. *Idotea appendiculata* STOSSICH, Faun. del Mar. Adr., p. 51.
1881. *Idotea appendiculata* DELAGE, Arc. de Zool. Exp. IX, p. 155.
1883. *Idotea appendiculata* CHEVREUX, Assoc. pour l'av. des Sc. Rouen, XII, p. 519.
1886. *Idotea appendiculata* KŒHLER, Faun. litt. des îles Anglo-Norm.

Hab. Iles Anglo-Normandes, Roscoff, Concarneau, le Croisic.

On trouve cette espèce très rarement, à marée basse, tout à fait au bas de l'eau, dans les rochers.

171. **Idotea linearis** PENNANT.

1765. *Oniscus entomon ?* BASTER, Opusc. subs. II, t. 13, f. 2.
1774. *Oniscus ungulatus ?* PALLAS, Spicil. Zool. 9, 62, t. 4, f. 11.

1777. *Oniscus linearis* PENNANT, Brit. Zool. IV, t. 18, f. 2.
1778. *Squilla marina?* DE GEER, Ins. VII, t. 32, f. 11.
1804. *Idotea lincaris* LATREILLE, Hist. nat. Cr. et Ins. VI, p. 371.
1813. *Idotea hectica* LEACH, Edimb. Encycl. VI, p. 404.
1815. *Stenosoma hecticum* LEACH, Lin. Transact. VII, p. 433.
1815. *Stenosoma lineare* LEACH, Linn. Transact. XI, p. 366.
1816. *Idotea viridissima* RISSO, Crust. de Nice, p. 136, pl. 3, f. 8.
1825. *Stenosoma lineare* DESMAREST, Consid. sur les Cr., p. 290, t. 46, f. 12.
1832. *Stenosoma lineare* BOUCHARD-CHANTEREAUX, Cr. du Boulon.
1840. *Idotea linearis* MILNE-EDWARDS, Hist. nat. des Cr. III, p. 132.
1846. *Idothea sexlineata?* KROYER, Nat. Tidssk., 2 R. 2 B., p. 88.
1849. *Idotea linearis* MILNE-EDWARDS, Règne Anim., pl. 69, f. 3.
1850. *Idotea linearis* WHITE, Cat. Brit. Mus. Crust., p. 66.
1867. *Idotea linearis* WHITE, Pop. Hist. Brit. Crust., p. 224.
1868. *Idotea linearis* SPENCE BATE et WESTWOOD, Brit. Sess. Eyed Crust. II, p. 388.
1881. *Idotea linearis* DELAGE, Arch. de Zool. IX, p. 155.
1883. *Idotea linearis* CHEVREUX, Assoc. pour l'av. des Sciences. Rouen, XII, p. 519.
1886. *Idotea linearis* KŒHLER, Faun. litt. des îles Angl.-Norm.

Hab. Boulonnais, Iles Anglo-Normandes, Morgat, Concarneau, le Croisic.

Cette espèce se drague, jusqu'à 25 mètres; on la trouve aussi à la Zône des Laminaires, sur ces algues qu'elle ronge.

172. **Idotea parallela** SPENCE BATE et WESTWOOD.

1851. *Idotea chelipes?* HOPE, Cat. Crost., p. 26.
1856. *Idotea chelipes?* COSTA, F. d. Reg. di Napoli, Cr., pl. II, f. 2.
1868. *Idotea parallela* SPENCE BATE et WESTWOOD, Br. sess. Eyed Crust. II, p. 391.
1881. *Idotea sp.?* DELAGE, Arch. de Zool. IX, p. 155.
1883. *Idotea parallela* CHEVREUX, Assoc. pour l'av. des Sciences. Rouen, XII, p. 519.

Hab. Wimereux, Roscoff (?), Concarneau, le Croisic.

On la trouve dans les touffes de *Corallina officinalis* et sur les Zostères et les *Fucus* qu'elle ronge comme l'espèce précédente.

173. **Idotea pelagica** LEACH.

1798. *Idotea marina?* FABRICIUS, Ent. Syst. Suppl., p. 303.
1813. *Idotea pelagica* LEACH, Trans. Linn. Soc. XI, p. 365.
1825. *Idotea pelagica* DESMAREST, Consid. sur les Crust., p. 289.
1840. *Idotea pelagica* MILNE-EDWARDS, Hist. nat des Cr. III, p. 129.
1850. *Idotea pelagica* WHITE, Cat. Crust. Brit. Mus., p. 65.
1867. *Idotea pelagica* WHITE, Pop. Hist. Brit. Crust., p. 233.
1868. *Idotea pelagica* SPENCE BATE et WESTWOOD, Brit. Sess. Eyed Crust. II, p. 384.
1882. *Idotea pelagica* G.-O. SARS, Overs. af Norg. Crust., p. 16.
1883. *Idotea pelagica* CHEVREUX, Assoc. pour l'av. des Sciences. Rouen, XII, p. 519.
1886. *Idotea pelagica* KŒHLER, Faun. des îles Angl.-Norm.

Hab. Wimereux, Iles Anglo-Normandes, Concarneau, le Croisic.

Cette espèce est commune à marée basse, dans les *Fucus*.

174. **Idotea tricuspidata** DESMAREST.

1774. *Oniscus balthicus* PALLAS, Spicil. Zool., fasc. IX, p. 66, t. IV, f. 6, A-D.
1774. *Oniscus linearis?* PALLAS, Sp. Z., fasc. IX, p. 68, t. IV, f. 17.
1777. *Idotea entomon* PENNANT, Brit. Zool. IV, pl. 18, f. 5.
1789. *Oniscus tridens* OLIVIER, Encycl. méth. VI, p. 26.
1810. *Idotea tridentata* LATREILLE, Consid. Crust. I, p. 64.
1813. *Idotea entomon* LEACH, Linn. Trans. XI, p. 364.
1813. *Idotea œstrum?* LEACH, Linn. Trans. Soc. XI, p. 365.
1818. *Idoteo tridentata* LAMARCK, Anim. s. vert. V, p. 269.
1825. *Idotea tricuspidata* DESMAREST, Consid. sur Crust., p. 289.
1826. *Armida bimarginata* RISSO, Hist. nat. Eur. Mérid. V, p. 109.
1827. *Idotea Basteri* AUDOUIN, Descrip. des Crust. d'Egyp. de Sav., pl. 12, f. 6.
1828. *Idotea Basteri* ROUX, Crust. de la Médit., t. 29, f. 1-10.
1828. *Idotea variegata* ROUX, Crust. de la Médit., t. 30, f. 1-9.
1828. *Idotea tricuspidata* ROUX, Crust. de la Médit., t. 29, f. 11-12.
1832. *Idotea tricuspidata* BOUCHARD-CHANTEREAUX, Crust. du Boul.
1840. *Idotea tricuspidata* MILNE-EDWARDS, Hist. nat. des Crust. III, p. 129.
1850. *Idotea tricuspidata* WHITE, Cat. Brit. Mus. Crust., p. 65.
1855. *Idotea tricuspidata* GOSSE, Man. Mar. Zool. I, p. 247.

1867. *Idotea tricuspidata* WHITE, Pop. Hist. Brit. Crust., p. 223, pl. 12, f. 2.
1868. *Idotea tricuspidata* NORMAN, Rep. on dredg. Shetland, p. 289
1868. *Idotea tricuspidata* SPENCE BATE et WESTWOOD, Brit. Sess. Eyed Crust. II, p. 379.
1869. *Idotea tridentata* GRUBE, Mittheil. über St-Waast, p. 125.
1877. *Idotea balthica* MEINERT, Naturh. Tidssk., 3 R. II B., p. 81.
1881. *Idotea tricuspidata* DELAGE, Arch. de Zool. IX, p. 155.
1882. *Idotea tricuspidata* G.-O. SARS, Overs. af Norg. Crust., p. 16.
1883. *Idotea tricuspidata* CHEVREUX, Assoc. pour l'av. des Scienc. Rouen, XII, p. 519.
1884. *Idotea entomon* BELTREMIEUX, Faun. viv. de la Char., p. 29.
1886. *Idotea tricuspidata* KŒHLER, Faun. litt. des îles Angl.-Norm.

Hab. toutes nos côtes.

C'est de beaucoup l'*Idotea* la plus commune à marée basse ; on la drague jusque vers 15 mètres.

5. **Sphæromidæ.**

Gen. SPHÆROMA LATREILLE.

175. **Sphæroma curtum** MONTAGU.

Oniscus curtus MONTAGU, MSS., n° 53.
Sphæroma Griffithsii LEACH MSS. in Brit. Mus.
1818. *Sphæroma curtum* LEACH, Dict. Sc. nat. XII, p. 345.
1825. *Sphæroma curtum* DESMAREST, Consid. sur les Cr., p. 299.
1840. *Sphæroma curtum* MILNE-EDWARDS, Hist. nat. des Crust. III, p. 209.
1847. *Sphæroma Griffithsii* W. THOMPSON, Ann. nat. H. XX, p. 246.
1850. *Sphæroma Griffithsii* WHITE, Cat. Brit. Mus. Crust., p. 76.
1868. *Sphæroma curtum* SPENCE BATE et WESTWOOD, Brit. Sess. Eyed Crust. II, p. 412.
1881. *Sphæroma curtum* DELAGE, Arch. de Zool. IX, p. 156.
1883. *Sphæroma curtum* CHEVREUX, Assoc. pour l'av. des Sciences. Rouen, XII, p. 519.

Hab. Roscoff, Concarneau, le Croisic.

C'est le *Sphæroma* le plus commun à marée basse ; on le trouve sous les pierres, à un niveau moins élevé que les deux espèces suivantes.

176. **Sphæroma Prideauxianum** LEACH.

1818. *Sphæroma prideauxianum* LEACH, Dict. Sc. nat. XII, p. 345.
1825. *Sphæroma prideauxianum* DESMAREST, Cons. sur les Crust., p. 299.
1840. *Sphæroma prideauxianum* MILNE-EDWARDS, Hist. nat. des Crust. III, p. 209.
1847. *Sphæroma prideauxianum* W. THOMPSON, Ann. Sc. nat Hist. XX, p. 245.
1850. *Sphæroma prideauxianum* WHITE, Cat. Br. Mus. Cr., p. 76
1868. *Sphæroma prideauxianum* SPENCE BATE et WESTWOOD, Br. Sess. Eyed Crust. II, p. 415.
1868. *Sphæroma prideauxianum* NORMAN, Rep. on dr. Sh., p. 289.
1881. *Sphæroma prideauxianum* DELAGE, Arc. de Zool. IX, p. 156.
1886. *Sphæroma prideauxianum* KŒHLER, Faun. litt. des îles Anglo-Norm.

Hab. Iles Anglo-Normandes, Roscoff, Concarneau.

J'ai trouvé cette espèce dans les touffes de *Corallina officinalis*, surtout à l'île Drenec, aux Glénans.

177. **Sphæroma serratum** FABRICIUS.

1774. *Oniscus globator?* PALLAS, Spicil. Zool. IX, t. 4, f. 18.
1787. *Oniscus serratus* FABRICIUS, Mant. Insect. I, p. 242.
1798. *Cymothoa serratum* FABRICIUS, Ent. Syst. II. p. 510.
1804. *Sphæroma cinerea* LATREILLE, Hist. nat. Crust. VII, p. 16.
1813. *Sphæroma serratum* LEACH, Edimb. Encycl., p. 405.
1813. *Sphæroma cinerea* SAVIGNY, Expéd. d'Egypte Cr., t. 12, f. 1.
1815. *Sphæroma serratum* LEACH, Trans. Linn. Soc. XI, p. 368.
1818. *Sphæroma serratum* LEACH, Dict. des Sc. nat., XII, p. 346.
1818. *Sphæroma serratum* LATREILLE, Encycl. méth., X, p. 458.
1825. *Sphæroma serratum* DESMAREST, Consid. sur les Cr., p. 301, pl. 47, f. 3.
1825. *Sphæroma cinerea* BREBISSON, Cat. des Cr. du Calv., p. 31.
1829. *Sphæroma cinerea* BOSC, Hist. Crust. II, p. 186.
1832. *Sphæroma serratum* BOUCHARD - CHANTEREAUX, Crust. du Boulonnais.
1837. *Sphæroma serratum* RATHKE, Faun. des Krym., p. 391.
1840. *Sphæroma serratum* MILNE-EDWARDS, Hist. nat. des Crust. III, p. 205, t. 31, f. 11.
1850. *Sphæroma serratum* WHITE, Cat. Brit. Mus. Crust., p. 75.

1855. *Sphæroma serratum* GOSSE, Man. Mar. Zool. I, f. 235.
1866. *Sphæroma serratum* HELLER, Zool. Bot. Ges. Wien, p. 746.
1867. *Sphæroma serratum* WHITE, Pop. Hist. Brit. Crust., p. 245, pl. 13, f. 6.
1868. *Sphæroma serratum* SPENCE BATE et WESTWOOD, Br. Sess. Eyed Crust. II, p. 405.
1869. *Sphæroma serratum* GRUBE, Mittheil. über St-Waast, p. 125.
1880. *Sphæroma serratum* STOSSICH, Faun. del Mar. Adr., p. 48.
1881. *Sphæroma serratum* DELAGE, Arc. de Zool. Exp. IX, p. 156.
1883. *Sphæroma serratum* CHEVREUX, Assoc. pour l'av. des Sc. Rouen, XII, p. 519.
1884. *Sphæroma cinerea* BELTRÉMIEUX, F. viv. de la Char., p. 29.
1886. *Sphæroma serratum* KŒHLER, Faun. litt. des îles Angl.-N.

Hab. Boulonnais, Calvados, St-Waast la Hougue, îles Anglo-Normandes, Roscoff, Concarneau, le Croisic, Charente-Inférieure.

Commun sous les pierres à marée basse, à un niveau plus élevé que *S. curtum* qui n'existe plus dans le nord de la France.

Gen. DYNAMENE LEACH.

178. **Dynamene rubra** MONTAGU.

Oniscus ruber MONTAGU, MSS.
1818. *Dynamene Montagui* LEACH, Dict. Sc. nat. XII, p. 344.
1818. *Dynamene rubra* LEACH, Dict. Sc. nat. XII, p. 344.
1825. *Dynamene Montagui* DESMAREST, Consid. sur les Cr., p. 298.
1825. *Dynamene rubra* DESMAREST, Consid. sur les Crust., p. 298.
1840. *Cymodocea Montagui* MILNE-EDWARDS, Hist. nat. des Crust. III, p. 215.
1840. *Cymodocea rubra* MILNE-EDWARDS, H. nat. d. Cr. III, p. 216.
1847. *Cymodocea rubra* WHITE, Cat. Brit. Mus. Crust., p. 77.
1847. *Cymodocea Montagui* WHITE, Cat. Brit. Mus. Crust., p. 77.
1867. *Cymodorea rubra* WHITE, Pop. Hist. Brit. Crust., p. 247.
1867 *Cymodorea Montagui* WHITE, Pop. Hist. Brit. Crust., p. 246.
1868. *Dynamene rubra* SPENCE BATE et WESTWOOD, Brit. Sess. Eyed Crust. II, p. 419.
1868. *Dynamene Montagui* SPENCE BATE et WESTWOOD, Brit. Sess. Eyed Crust. II, p. 423.
1881. *Dynamene Montagui* DELAGE, Arch. de Zool. Exp. IX, p. 156.

1883. *Dynamene rubra* CHEVREUX, Assoc. pour l'av. des Sc., XII, Rouen, p. 519.
1886. *Dynamene Montagui* KŒHLER, Faun. litt. des îles Angl.-N.

Hab. Iles Anglo-Normandes, Roscoff, Concarneau, le Croisic.

Cette espèce n'est pas rare à marée basse, dans les algues et sous les pierres, je l'ai surtout trouvée abondante aux Glénans ; dans ces parages la couleur de l'adulte est rougeâtre avec six points d'un beau bleu sur le dos.

L'espèce de LEACH doit être réunie à celle de MONTAGU ; *D. rubra* est un individu jeune, *D. Montagui* l'individu adulte. La dent du sixième anneau thoracique, qui caractérise cette dernière forme, ne se trouve bien développée que chez l'adulte, mais on trouve tous les passages selon l'âge de l'animal. La dent manque totalement chez le jeune, ou on ne l'y trouve qu'à l'état rudimentaire.

179. **Dynamene viridis** LEACH.

1818. *Dynamene viridis* LEACH, Dict. Sc. nat. XII, p. 344.
1825. *Dynamene viridis* DESMAREST, Consid. sur les Crust., p. 298.
1840. *Cymodocea viridis* MILNE-EDWARDS, Hist. nat. des Crust. III, p. 216.
1850. *Cymodocea viridis* WHITE, Cat. Brit. Mus. Crust., p. 77.
1867. *Cymodocea viridis* WHITE, Pop. Hist. Brit. Crust., p. 267.
1868. *Dynamene viridis* SPENCE BATE et WESTWOOD, Brit. Sess. Eyed Crust. II, p. 421.
1870. *Dynamene viridis* GRUBE, Mittheil. über St-Malo u. Roscoff, p. 140.
1881. *Dynamene viridis* DELAGE, Arch. de Zool. IX, p. 156.
1883. *Dynamene viridis* CHEVREUX, Assoc. pour l'as. des Sciences. Rouen, XII, p. 519.
1886. *Dynamene viridis* KŒHLER, Faun. litt. des îles Angl.-Norm.

Hab. Iles Anglo-Normandes, St-Malo, Roscoff, Concarneau, le Croisic.

On trouve cette espèce avec la précédente et dans les *Fucus* qui couvrent les quais.

Gen. CYMODOCEA LEACH.

180. **Cymodocea truncata** MONTAGU.

Oniscus truncatus MONTAGU MSS. in Brit. Mus.
1813. *Cymodocea truncata* LEACH, Edimb. Encycl. VII, p. 433.
1815. *Cymodocea truncata* LEACH, Trans. Linn. Soc. XI, p. 303.
1825. *Cymodocea truncata* DESMAREST, Consid. sur les Cr., p. 297.
1840. *Cymodocea truncata* MILNE-EDWARDS, Hist. nat des Crust. III, p. 214.
1847. *Cymodocea truncata* W. THOMPSON, An. Nat. H. XX, p. 246.
1850. *Cymodocea truncata* WHITE, Cat. Brit. Mus. Crust., p. 76.
1855. *Cymodocea truncata* GOSSE, Man. Mar. Zool. I, p. 236.
1867. *Cymodocea truncata* WHITE, Pop. Hist. Brit. Crust., p. 76.
1868. *Cymodocea truncata* SPENCE BATE et WESTWOOD, Br. Sess. Eyed Crust. II, p. 426.
1868. *Cymodocea truncata* NORMAN, Rep. on dr. Shetland, p. 289.
1870. *Cymodocea truncata* GRUBE, Mittheil. über St-Malo u. Roscoff, p. 140.
1872. *Cymodocea truncata* HESSE, Ann. des Sc. nat., V^{e} série, t. 17, p. 16.
1880. *Cymodocea truncata* STOSSICH, Faun. del Mar. Adriat., p. 50.
1883. *Cymodocea truncata* CHEVREUX, Assoc. pour l'av. des Sc. Rouen, XII, p. 519.
1886. *Cymodocea truncata* KŒHLER, Faun. litt. des îles Angl.-N.

Hab. Iles Anglo-Normandes, Brest, Concarneau, le Croisic.

Cette espèce n'est pas rare sous les pierres, au bas de l'eau à marée basse ; elle est surtout commune aux Glénans.

Gen. NÆSA LEACH.

181. **Næsa bidentata** ADAMS.

1798. *Oniscus bidentatus* ADAMS, Trans. Linn. Soc., vol. V, p. 8, t. 2, f. 3,4.
1818. *Næsa bidentata* LEACH, Dict. Sc. Nat. XII, p. 342.
1813. *Næsa bidentata* LEACH, Edimb. Encycl. VII, p. 405.

1815. *Næsa bidentata* Leach, Trans. Linn. Soc. XI, p. 367.
1825. *Næsa bidentata* Desmarest, Consid. sur les Crust., p. 295, t. 47, f. 2.
1840. *Næsa bidentata* Milne-Edwards, Hist. n. des Cr. III, p. 217.
1849. *Næsa bidentata* Milne-Edwards, Règne Animal, t. 68, f. 2.
1850. *Næsa bidentata* White, Cat. Brit. Mus. Crust., p. 78.
1855. *Næsa bidentata* Gosse, Man. Mar. Zool. I, p. 135, f. 237.
1866. *Næsa bidentata* Heller, Zool. Bot. Gesell. Wien, p. 748.
1867. *Næsa bidentata* White, Pop Hist. Brit. Crust., p. 247, pl. XIV, f. 1.
1868. *Næsa bidentata* Spence Bate et Westwood, Brit. Sess. Ey. Crust. II, p. 431.
1869. *Næsa bidentata* Grube, Mittheil. über St-Waast, p. 105.
1870. *Næsa bidentata* Grube, Mittheil. über St-Malo n. Roscoff, p. 140.
1872. *Næsa bidentata* Hesse, Ann. Sc. Nat., V^{e} sér., t. 17, p. 20, pl. 2.
1877. *Næsa bidentata* Stalio, Cat. Crost. Adriat., p. 228.
1880. *Næsa bidentata* Stossich, Faun. del Mar. Adriat., p. 50.
1881. *Næsa bidentata* Delage, Arch. de Zool. Expér. IX, p. 150.
1884. *Næsa bidentata* Chevreux, Assoc. pour l'av. des Sciences, XIII. Blois, p. 315.
1886. *Næsa bidentata* Kœhler, Faun. litt. des îles Angl.-Norm.

Hab. St-Waast la Hougue, îles Anglo-Normandes, St-Malo, Roscoff, Concarneau, le Croisic.

Cet Isopode est assez commun sous les pierres à marée basse, à la côte comme aux Glénans. C'est dans cette espèce que doit rentrer la série fantastique des dix espèces nouvelles que M. Hesse a découvert dans la rade de Brest.

Gen. CAMPECOPEA Leach.

182. **Campecopea Cranchii** Leach.

1818. *Campecopea Cranchii* Leach, Dict. Sc. Nat. XII, p. 341.
1825. *Campecopea Cranchii* Desmarest, Cons. sur les Cr., p. 295.
1840. *Campecopea Cranchii* Milne-Edwards, Hist. nat. des Crust. III, p. 220.
1850. *Campecopea Cranchii* White, Cat. Brit. Mus. Crust., p. 78.
1867. *Campecopea Cranchii* White, Pop. Hist. Br. Crust., p. 248.
1863. *Campecopea Cranchii* Spence Bate et Westwood, Br. Sess. Eyed Crust. II, p. 436.

1884. *Campecopea Cranchii* CHEVREUX, Assoc. pour l'av. des Sc. Blois, XIII, p. 315.

Hab. Concarneau, le Croisic.

On trouve cette petite espèce à marée basse, surtout dans les alvéoles de Balanes vides qui tapissent les rochers et les quais.

183. **Campecopea hirsuta** MONTAGU.

1808. *Oniscus hirsutus* MONTAGU, Act. Linn. Soc. VII, p. 71, pl. 6, f. 8.
1818. *Campecopea hirsuta* LEACH, Dict. Sc. Nat. XII, p. 341.
1813. *Campecopea hirsuta* LEACH, Edimb. Encycl. VII, p. 405.
1815. *Campecopea hirsuta* LEACH, Trans. Linn. Soc. XI, p. 367.
1825. *Campecopea hirsuta* DESMAREST, Consid. sur les Cr., p. 294, t. 47, f. 1.
1840. *Campecopea hirtuta* MILNE-EDWARDS, Hist. nat. des Crust. III, p. 220.
1850. *Campecopea hirsuta* WHITE, Cat. Brit. Mus. Crust., p. 78.
1855. *Campecopea hirsuta* GOSSE, Man. Mar. Zool. I, p. 238.
1867. *Campecopea hirsuta* WHITE, Pop. Hist. Brit. Crust., p. 248, pl. XIV, f. 2.
1868. *Campecopea hirsuta* SPENCE BATE et WESTWOOD, Brit. Sess. Eyed Crust. II, p. 434.
1884. *Campecopea hirsuta* CHEVREUX, Assoc. pour l'av. des Sc., XIII. Blois, p. 315.

Hab. Concarneau, le Croisic.

Commun, avec l'espèce précédente.

6. **Oniscidæ.**

Gen. LIGIA FABRICIUS.

184. **Ligia oceanica** LINNÉ.

1762. *Oniscus stylis caudæ utriuque binis* STROM, Sondmor. I, 202, t. I, f. 14-15.
1862. *Oniscus cynaticus* BASTER, Naturk. uitspannig II, t. XIII, f. IV, a, b, c.

1866. *Oniscus oceanicus* LINNÉ, Syst. nat. II, p. 1061.
1776. *Oniscus oceanicus* O.-F. MULLER, Zool. Dan., p. 198, n° 2367.
1787. *Cymothoa oceanica* FABRICIUS, Mantissa, I, p. 242.
1788 *Oniscus oceanicus* LINNÉ, Syst. nat., édit. XIII, I, p. 3012.
1789. *Oniscus oceanicus* VILLERS, Linnei entomo. IV, p. 183, II.
1792. *Oniscus oceanicus* CUVIER, Journ. d'Hist. N. II, p. 20, tab. 26.
1798. *Ligia oceanica* FABRICIUS, Syst. Entom. suppl., p. 301.
1800. *Ligia oceanica* LAMARCK, Syst. des Anim. s. vert., p. 166.
1801. *Ligia oceanica* BOSC, Hist. Crust. II, p. 190, pl. 15, f. 9.
1804. *Ligia oceanica* LATREILLE, Hist. nat. des Crust. VII, p. 31, pl. 59, f. 1.
1806. *Ligia oceanica* LATREILLE, Gen. Crust. I, p. 68.
1812. *Oniscus oceanicus* PENNANT, Brit. Zool. 38, tab. 18, f. 4.
1813. *Ligia oceanica* LEACH, Edimb. Encycl. VII, p. 406.
1815. *Ligia oceanica* LEACH, Trans. Linn. Soc. XI, p. 374.
1825. *Ligia oceanica* DESMAREST, Consid. sur les Crust., p. 317, pl. 49, f. 3-4.
1825. *Ligia oceanica* BREBISSON, Crustacés du Calvados, p. 34.
1825. *Ligia oniscides* BREBISSON, Crustacés du Calvados, p. 35.
1832. *Ligia oceanica* BOUCHARD-CHANTEREAUX, Crust. du Boulonnais, p. 132.
1832. *Ligia italica* BOUCHARD-CHANTEREAUX, Crust. du Boulonnais, p. 132.
1833. *Ligia oceanica* BRANDT, Consp., p. 10, 1.
1835 *Ligia oceanica* KOCH, Deutschl. Crust., p. 367.
1840. *Ligia oceanica* MILNE-EDWARDS, H. nat. des Cr. III, p. 155.
1844. *Ligia oceanica* KAY, Nat. Hist. of New-York, VI, p. 50, pl. VI, f. 13.
1858. *Ligia oceanica* KINAHAN, Nat. Hist. rev. IV, p. 279, pl. 20, f. 7-10.
1868. *Ligia oceanica* SPENCE BATE et WESTWOOD, Brit. Sess. Eyed Crust. II, p. 444.
1868. *Ligia oceanica* NORMAN, Rep. on dredg. Shetland, p. 289.
1870. *Ligia oceanica* BUDDE LUND, Nat. Tidsskr. R. 3, VII, p. 224.
1874. *Ligia oceanica* BOS, Crust. Hedrioph. Nederl., p. 36.
1877. *Ligia oceanica* MEINERT, Nat. Tidsskr., 3 R. II B., p. 76.
1881. *Ligia oceanica* DELAGE, Arch. de Zool. IX, p. 155.
1882. *Ligia oceanica* G.-O. SARS, Overs. af Norg. Crust., p. 18.
1883. *Ligia oceanica* CHEVREUX, Assoc. pour l'av. des Sciences. Rouen, XII, p. 519
1884. *Ligia oceanica* BELTREMIEUX, Faun. viv. de la Char., p. 29.
1885. *Ligia oceanica* BUDDE LUND, Crust. Isop. terr., p. 259.
1886. *Ligia oceanica* KŒHLER, Faun. litt. des îles Anglo-Norm.

Hab. Toutes nos côtes.

La Ligie est très commune dans les rochers et sur les murs des quais au niveau de la marée haute.

Gen. TRICHONISCUS Brandt.

185. **Trichoniscus roseus** Koch.

1838. *Itea rosea* Koch, Deutsch. Crust. p. 22, f. 16.
1858. *Philougria rosea* Kinahan, Nat. H. rev. V, p. 197, t. 213, f. 3.
1868. *Philougria rosea* Spence Bate et Westwood, Brit. Sess. Eyed Crust. II, p. 460.
1870. *Trichoniscus roseus* Budde Lund, Nat. Tids. B. VII, p. 245.
1879. *Trichoniscus roseus* Budde Lund, Prosp. gen. spec., p. 9.
1883. *Philougria rosea* Chevreux, Assoc. pour l'av. des Sciences. Rouen, XII, p. 519.
1885. *Trichoniscus roseus* Budde Lund, Crust. Isop. terr., p. 247.

Hab. Wimereux, Concarneau, le Croisic.

Sous les pierres, dans des lieux humides; assez rare.

Gen. PHILOSCIA Latreille.

186. **Philoscia muscorum** Scopoli.

1763. *Oniscus muscorum* Scopoli, Ent. Carn., p. 1145.
1789. *Oniscus muscorum* Villers, Linei entom. IV, p. 187.
1792. *Oniscus muscorum* Cuvier, Journ. d'Hist. nat. II, p. 3, tab. 26, f. 6, 8.
1792. *Oniscus sylvestris* Fabricius, Entom. syst. II, p. 397.
1799. *Oniscus sylvestris* Coquebert, Illust. Ins., p. 27, pl. 6, f. 12.
1804. *Philoscia muscorum* Latreille, Hist. Crust. Ins. VII, p. 43.
1806. *Philoscia muscorum* Latreille, Gen. Crust. I, p. 69.
1813. *Philoscia muscorum* Leach, Edimb. Encycl. VII, p. 406.
1815. *Philoscia muscorum* Leach, Trans. Linn. Soc. XI, p. 374.
1816. *Philoscia muscorum* Risso, Crust. de Nice, p. 153.
1818. *Philoscia muscorum* Lamarck, Hist. des Anim. s. vert. V, p. 155.
1825. *Philoscia muscorum* Desmarest, Cons. sur les Cr., p. 319.
1825. *Philoscia muscorum* Brebisson, Crust. du Calvados, p. 36.
1826. *Philoscia muscorum* Risso, Hist. nat. de l'Europ. mérid. V, p. 118.
1832. *Philoscia muscorum* Bouchard-Chantereaux, Cr. du Boulonnais.

1833. *Philoscia marmorata* Brandt, Consp., p. 21, R.
1840. *Philoscia muscorum* Milne-Edwards, Hist. nat. des Crust. III, p. 164.
1840. *Philoscia marmorata* Milne-Edwards, Hist. nat. des Crust. III, p. 165.
1844. *Philoscia muscorum* Zaddach, Synops., p. 15.
1847. *Oniscus agiles* Koch, Berichtig., etc., p. 209, pl. 8, f. 100.
1852 *Philoscia muscorum* Burgesdijk, Ann. de Grub. Cr., p. 50.
1853. *Philoscia muscorum* Burgesdijk, Herkl. Bonnst. I, p. 165.
1853. *Philoscia muscorum* Schnitzler, De Onisc., p. 22.
1857. *Philoscia muscorum* Kinahan, Nat. Hist. rev. IV, p. 280, pl. 20, f. 16.
1868. *Philoscia muscorum* Spence Bate et Westwood, Brit. Sess. Eyed Crust. II, p. 450.
1870. *Philoscia muscorum* Plateau, Crust. Isop., p. 12.
1870. *Philoscia muscorum* Budde Lund, Nat. Tidssk., 3. VII, p. 231, 5.
1874. *Philoscia muscorum* Bos, Cr. Hedrioph. Nederl., p. 37, 90.
1883. *Philoscia muscorum* Chevreux, Assoc. pour l'av. des Scienc. Rouen, XII, p. 519.
1885. *Philoscia muscorum* Budde Lund, Crust. Isop. Terr., p. 207.

Hab. Boulonnais, Calvados, Concarneau, le Croisic.

Sous les pierres, dans les environs de Concarneau.

Gen. ONISCUS Linné.

187. **Oniscus murarius** Cuvier.

1710. *Asellus asininus s. vulgaris* Rajus, Hist. Inst., p. 41.
1761. *Oniscus asellus* Linné, Faun. Sueci. IV, p. 183, n° 2058.
1761. *Oniscys asellus* Poda, Ins. Mus. Grœc., p. 126.
1762. *Oniscus asellus* Geoffroy, Ins. Par., p. 670, pl. 22, f. 1.
1763. *Oniscus asellus* Scopoli, Entom. Carn., p. 414.
1764. *Oniscus asellus* O.-F. Muller, Faun. Insect. Frieder., p. 95.
1766. *Oniscus asellus* Schœffer, Elem. Entom., tb. 92.
1771. *Oniscus asellus* Forster, Cat. of the anim. of North. Amer.
1776. *Oniscus asellus* O.-F. Muller, Zool. Dan. prod., p. 198.
1778 *Oniscus asellus* De Geer, Mém. Ins. VII, p. 547, pl. 35, f. 1-10.
1788. *Oniscus asellus* Linné, Syst. Nat., édit. XIII, p. 3013.
1789. *Oniscus asellus* Villers, Linei entomo. IV, p. 183.
1790. *Oniscus asellus* Rossius, Faun. etrusc., p. 664.

1792. *Oniscus murarius* Cuvier, Journ. Hist. nat. II, p. 22, pl. 35, f. 1-10.
1792. *Oniscus asellus* Fabricius, Ent. Syst., p. 397.
1798. *Oniscus murarius* Fabricius, Ent. Syst. suppl., p. 300.
1800. *Oniscus asellus* Lamarck, Syst. Anim. s. vert., p. 167.
1804. *Oniscus asellus* Latreille, Hist. Ins. Crust. VII, p. 42.
1806. *Oniscus asellus* Latreille, Gen. Crust., p. 70.
1813. *Oniscus asellus* Leach, Edimb. Encycl. VII, p. 406.
1815. *Oniscus asellus* Leach, Trans. Linn. Soc. XI, p. 375.
1816. *Oniscus asellus* Risso, Crust. de Nice, p. 154.
1818. *Oniscus asellus* Lamarck, Hist. des Anim. s. vert. V, p. 154.
1825. *Oniscus asellus* Desmarest, Consid. sur les Crust., p. 320.
1825. *Oniscus asellus* Brebisson, Crust. du Calvados, p. 36.
1826. *Oniscus asellus* Risso, Hist. nat. de l'Europ. mérid. V, p. 114.
1830. *Oniscus murarius* Brandt, Méd. Zool. II, p. 80, pl. 12, f. 16.
1832. *Oniscus asellus* Bouchard - Chantereaux, Crust. du Boulonnais.
1833. *Oniscus murarius* Brandt, Consp., p. 20, tab. 4, f. 8.
1835. *Oniscus asellus* Koch, Deutsch. Crust., p. 22.
1840. *Oniscus murarius* Milne-Edwards, Hist. nat. des Crust. III, p. 163.
1841. *Oniscus asellus* Gould, Invert. Mass., p. 336.
1844. *Oniscus asellus* Gay, Zool. New-York VI, p. 51, pl. 6, f. 12.
1852. *Oniscus murarius* Burgersdijk, Ann. de Grub. Crust., p. 50.
1853. *Oniscus murarius* Burgersdijk, Herkl. Bouwst. I, p. 165.
1853. *Oniscus murarius* Schnitzler, De Oniscid., p. 22.
1853. *Oniscus murarius* Lereboullet, Mém. Cloport., p. 23, pl. 2, f. 32-38.
1857. *Oniscus murarius* Kinahan, Nat. Hist. rev. IV, p. 276, pl. 19, f. 10-12.
1857. *Oniscus murarius* Stein, Crust. Graubund, p. 129.
1858. *Oniscus asellus* Johnson, Sverig. Onisc., p. 15.
1862. *Oniscus asellus* Sill, Verh. Natur. Herm., p. 25.
1868. *Oniscus asellus* Spence Bate et Westwood, Brit. Sess. Eyed Crust. II, p. 468.
1870. *Oniscus murarius* Budde Lund, Nat. Tids., R. 2, VII, p. 233.
1874. *Oniscus asellus* Bos, Crust. Hedriop. Nederl., p. 38.
1881. *Oniscus asellus* Delage, Arch. de Zool. IX, p. 155.
1883. *Oniscus asellus* Chevreux, Assoc. pour l'av. des Sciences. Rouen, XII, p. 519.
1885. *Oniscus murarius* Budde Lund, Crust. Isop. Terr., p. 203.

Hab. Commun partout.

Il existe aux Glénans une variété blanche de l'*Oniscus*

murarius (qu'on désigne ainsi maintenant de préférence à *Asellus*, nom qui a été pris par les anciens auteurs dans un sens trop collectif). Cette variété est très commune sous les pierres, dans l'île de Bananec, au niveau de la haute mer, avec les *Talitrus* et les *Orchestia*.

Gen. PLATYARTHRUS Brandt.

188. **Platyarthrus Hoffmanseggii** Brandt.

1833. *Platyarthrus Hoffmanseggii* Brandt, Consp., p. 12, t. 4, f. 10.
1840. *Platyarthrus Hoffmanseggii* Milne-Edwards, Hist. nat. des Crust. III, p. 175.
1844. *Itea crassicornis* Koch, Deutsch. Crust., p. 36.
1860. *Typhloniscus Steinii* Schöbl, Sitz. d. Acad. Wien, XL, p. 279.
1868. *Platyarthrus Hoffmanseggii* Spence Bate et Westwood, Br. Sess. Eyed Crust. II, p. 464.
1870. *Platyarthrus Hoffmanseggii* Budde Lund, Nat. Tidsskr., R. 3, VII, p. 234.
1879. *Platyarthrus Hoffmanseggii* Budde Lund, Prosp. gen. et spec., p. 2.
1884. *Platyarthrus Hoffmanseggii* Chevreux, Assoc. pour l'av. des Sciences, XIII. Blois, p. 315.
1885. *Platyarthrus Hoffmanseggii* Budde Lund, Crust. Isop. Terr., p. 199.

Hab. Wimereux, Concarneau, le Croisic.

Cette intéressante espèce est très fréquente à l'île du Loch, aux Glénans, et comme toujours commensale des fourmilières.

Gen. PORCELLIO Latreille.

189. **Porcellio scaber** Latreille.

1761. *Oniscus asellus* Linné, Faun. Suecic., p. 2058.
1761. *Oniscus asellus* Sulzer, Kenn. d. Insekt., pl. 24, f. 154.
1762. *Oniscus asellus* Ström, Sondmor. I, p. 202.
1763. *Oniscus asellus* Scopoli, Ent. Carn., p. 414, n° 1142, var. 2.
1788. *Oniscus asellus* Linné, Syst. nat., p. 1061 *pro parte*.

1792. *Oniscus asellus* FABRICIUS, Faun. Groenl., p. 251, nº 228.
1792. *Oniscus asellus* CUVIER, Journ. d'Hist. nat. II, p. 23, pl. 26, f. 9.10.
1804. *Porcellio scaber* LATREILLE, Hist. des Crust. VII, p. 45.
1806. *Porcellio scaber* LATREILLE, Gen. Crust. I, p. 70.
1813. *Porcellio scaber* LEACH, Edimb. Encycl. VII, p. 406.
1815. *Porcellio scaber* LEACH, Trans. Linn. Soc. XI, p. 375.
1816. *Porcellio scaber* RISSO, Crust. de Nice, p. 155.
1818. *Oniscus granulatus* LAMARCK, Hist. des An. s. vert. V, p. 154.
1818. *Oniscus nigra* SAY, Journ. Philadelph., p. 432.
1825. *Porcellio granulatus* BREBISSON, Crust. du Calvados, p. 27.
1825. *Porcellio scaber* DESMAREST, Consid. sur les Crust., p. 321.
1826. *Porcellio scaber* RISSO, Hist. de l'Europ. Mérid. V, p. 119.
1830. *Porcellio scaber* BRANDT, Méd. Zool. II, p. 77, pl. 12, f. 1, 4.
1832. *Porcellio scaber* BOUCHAND-CHANTEREAUX, Crust. du Boulonnais.
1833. *Porcellio scaber* BRANDT, Consp., p. 14.
1835. *Porcellio dubius* KOCH, Deutschl. Crust., p. 34, f. 6-7.
1835. *Porcellio scaber* KOCH, Deutschl. Crust., p. 34, f. 8.
1840 *Porcellio Brandtii* MILNE-EDWARDS, Hist. nat. des Crust. III, p. 168.
1840. *Porcellio granulatus* MILNE-EDWARDS, Hist. nat. des Crust. III, p. 169, pl. 32, f. 21.
1841. *Porcellio nigra* GOULD, Rep. Crust., p. 337.
1844. *Porcellio nigra* KAY, Zool. New-York, VI, p. 52.
1847. *Porcellio asper* KOCH, Berichtig, p. 207, pl. 8, fig. 9-8.
1849. *Porcellio scaber* MILNE-EDWARDS, Règne Animal, pl. 71.
1852. *Porcellio scaber* BURGERSDIJK, Annot. de quib. Crus., p. 39.
1853. *Porcellio scaber* BURGERSDIJK, Herkl. Bouwst., p. 165.
1853. *Porcellio scaber* LEREBOULLET, Mém. Strasb. IV, p. 34, pl. 1, f. 4-5.
1853. *Porcellio scaber* SCHNITZLER, De Oniscid., p. 23.
1856. *Porcellio scaber* FICHT, Rep. noxious Insec., p. 121.
1857. *Porcellio scaber* KINAHAN, Nat. Hist. rev. IV, p. 277, pl. 21, f. 218.
1857. *Porcellio scaber* STEIN, Crust. Graubund, p. 124.
1858. *Porcellio scaber* JOHNSON, Sver. Onisc., p. 20.
1858. *Porcellio Montezumæ* SAUSSURE, Mém. Crust. Mex., p. 480. pl. 5, f. 41.
1861. *Porcellio scaber* SILL, Crust. Sieb., p. 3.
1868. *Porcellio scaber* SPENCE BATE et WESTWOOD, Brit. Sess. Ey. Crust. II, p. 475.
1868. *Porcellio Paulensis* HELLER, Novara exped., p. 136, t. 12, f. 5.
1870. *Porcellio scaber* PLATEAU, Isop. terr. Bull. Acad. Belg., t. XXIX, p. 8.

1870. *Porcellio scaber* E. Brandt, Horæ Soc. Ent. Rossi, VIII, p. 167.
1870. *Porcellio scaber* Budde Lund, Nat. Tidssk., R. 3, VII, p. 238.
1874. *Porcellio scaber* Bos, Crust. Hedrioph. Nederl., p. 38.
1879. *Porcellio scaber* Budde Lund, Prosp. gen. et spec., p. 3.
1883. *Porcellio scaber* Chevreux, Assoc. pour l'av. des Sciences. Rouen, XII, p. 520.
1885. *Porcellio scaber* Budde Lund, Crust. Isop. Terr., p. 129.

Hab. Boulonnais, Calvados, Concarneau, le Croisic, etc.

Commun dans les environs de la ville.

Gen. METOPONORTHUS Budde Lund.

190. **Metoponorthus pruinosus** Brandt.

1833. *Porcellio pruinosus* J.-F. Brandt, Consp., p. 26.
1840. *Porcellio pruinosus* Milne-Edwards, Hist. nat. des Crust. III, p. 173.
1840. *Porcellio truncatus ?* Milne-Edwards, Hist. nat. des Crust. III, p. 171.
1841. *Porcellio maculicornis* Koch, Deutschl. Crust., p, 34.
1847. *Porcellio Zealandius ?* White, List of Cr. Br. Mus., p. 99.
1852. *Porcellio maculicornis* Bugersdijk, Ann. de quib. Cr., p. 48.
1853. *Porcellio maculicornis* Bugersdijk, Herkl. Bouw. I, p. 165.
1853. *Porcellio frontalis* Lereboullet, Mém. Clop. Strab., p. 63, pl. 1, f. 17.
1856. *Porcellio immaculatus* Fitch, Rep. Nox. Insec., p. 120.
1857. *Porcellio pruinosus* Kinahan, Nat. Hist. rev. IV, p. 278, pl. 19, f. 3, 5, 7.
1858. *Porcellio frontalis* Johnson, Sverig. Onisc., p. 30.
1868. *Porcellio pruinosus* Spence Bate et Westwood, Brit. Sess. Eyed Crust. II, p. 487.
1870. *Porcellio maculicornis* Budde Lund, Nat. Tidssk., R. 3, VIII, p. 235.
1874. *Porcellio maculicornis* Bos, Crust. Hedrioph. Nederl., p. 39.
1875. *Porcellio maculicornis* Stuxberg, Ofvers., p. 55.
1877. *Porcellionides flavorittatus* Miers, Proc. zool. soc. Lond, p. 669, pl. 68, f. 4.
1879. *Metoponorthus pruinosus* Budde Lund, Pr. gen. et spec., p. 4.

1883. *Porcellio pruinosus* CHEVREUX, Assoc. pour l'av. des Scienc., XII. Rouen, p. 520.
1885. *Metoponorthus pruinosus* BUDDE LUND, Cr. Isop. TERR., p. 169.

Hab. Concarneau, le Croisic.

Assez rare sous les pierres avec d'autres Cloportides.

Gen. ARMADILLIDIUM BRANDT.

191. **Armadillidium vulgare** LATREILLE.

1710. *Asellus lividus major* RAJUS, Hist. Ins., p. 42.
1761. *Oniscus armadillo ?* LINNÉ, Faun. Suecic., p. 2059.
1762. *Cloporte armadille* GEOFFROY, Hist. Ins., p. 270.
1763. *Oniscus armadillo ?* SCOPOLI, Ent. Carn., p. 415.
1776. *Oniscus armadillo* O.-F. MULLER, Zool. Dan., p. 198.
1789. *Oniscus armadillo ?* VILLERS, Linœi Entom. IV, p. 184.
1790. *Oniscus armadillo* ROSSIUS, Faun. Etrusc. II, 5, p. 667.
1792. *Oniscus armadillo* CUVIER, Jour. d'Hist. nat. II, p. 23, pl. 26, f. 14-15.
1792. *Oniscus armadillo* FABRICIUS, Ent. Syst. II, p. 397.
1804. *Armadillo vulgaris* LATREILLE, Hist. Crust. VII, p. 48.
1804. *Armadillo variegatus* LATREILLE, Hist. Crust. VII, p. 48.
1806. *Armadillo vulgaris* LATREILLE, Gen. Crust. I, p. 71.
1806. *Armadillo variegatus* LATREILLE, Gen. Crust. I, p. 72.
1813. *Armadillo vulgaris* LEACH, Edimb. Encycl. VII, p. 406.
1813. *Armadillo variegatus* LEACH, Edimb. Encycl. VII, p. 407.
1816. *Armadillo vulgaris* RISSO, Crust. de Nice, p. 157.
1813. *Armadillo maculatus* RISSO, Crust. de Nice, p. 157.
1818. *Armadillo vulgaris* LAMARCK, H. des Anim s. vert. V, p. 152.
1818. *Armadillo variegatus* LAMARCK, H. d. Anim. s. vert. V, p. 152.
1818. *Armadillo pilularis* SAY, Crust. Unit. Stat., p. 432.
1825. *Armadillo vulgaris* BREBISSON, Crust. du Calvados, p. 38.
1825. *Armadillo variegatus* BREBISSON, Crust. du Calvados, p. 38.
1825. *Armadillo vulgaris* DESMAREST, Consid. sur les Cr., p. 323.
1825. *Armadillo pustulatus* DESMAREST, Consid. sur les Cr., p. 323, pl. 49, f. 6.
1826. *Armadillo sp.* SAVIGNY (AUDOUIN), Descript. de l'Egypte, p. 290, pl. 13, f. 8, 9.
1830. *Armadillidium commutatum* BRANDT, Méd. Zool. II, p. 81, pl. 13.
1832. *Armadillo vulgaris* BOUCHARD-CHANTEREAUX, Crust. du Boulonnais.

1833. *Armadillidium commutatum* BRANDT, Consp., p. 25 (14), pl. 4, f. 14-15.
1833. *Armodillidium variegatum* BRANDT, Consp., p. 25 (13).
1835. *Armadillo convexus?* KOCH, Deutschl. Crust., p. 28.
1835. *Armadillio trivialis* KOCH, Deutschl. Crust., p. 28.
1840. *Armadillidium vulgare* MILNE-EDWARDS, Hist. nat. des Cr., III, p. 184.
1840. *Armadillidium variegatum* MILNE-EDWARDS, Hist. nat. des Crust. III, p. 185.
1841. *Armadillio pilularis* GOULD, Rep. Mass., p. 336.
1844. *Armadillidium vulgare* ZADDACH, Synops. Crust., p. 9.
1844. *Armadillio pilularis* KAY, Zool. New-York, p. 52.
1849. *Armadillidium commutatum* LUCAS, Expl. d'Alger., I, p. 73.
1853. *Armadillidium vulgare* LEREBOULLET, Mém. Clop., p. 70, pl. 3, fig. 95-106.
1853. *Armadillo oter* SCHNITZLER, De Oniscid., p. 26.
1853. *Armadillo vulgare* BURGERSDIJK, Herbl. Bouwst. I, p. 165.
1857. *Armadillidium vulgare* KINAHAN, Nat. Hist. rev. IV, p. 276, pl. 21, f. 3, 9, 12.
1858. *Armadillidium vulgare* JOHNSON, Sver. Onis., p. 36.
1862. *Armadillo variegatus* SILL, Verh. Naturw. Her., p. 27.
1868. *Armadillo vulgaris* SPENCE BATE et WESTWOOD, Brit. Sess. Eyed Crust. II, p. 492.
1870. *Armadillidium vulgare* PLATEAU, Bull. de l'Acad. de Belg., 2e sér., XXIX, p. 114.
1870. *Armadillidium vulgare* BUDDE LUND, Nat. Tidsskr., R. 3, VII, p. 241.
1874. *Armadillo trivialis* BOS, Crust. Hedriopht. Nederl., p. 40.
1874. *Armadillo vulgaris* BOS, Crust. Hedrioph. Nederl., p. 40.
1877. *Armadillo vulgaris* MIERS, Proced. Zool. Soc., p. 665.
1879. *Armandillidium vulgare* BUDDE LUND, Pr. gen. et sp., p. 6.
1883. *Armadillo vulgaris* BELTREMIEUX, F. viv. de la Char., p. 29.
1884. *Armadillo vulgaris* CHEVREUX, Assoc. pour l'av. des Scienc., XII. Rouen, p. 520.
1885. *Armadillidium vulgare* BUDDE LUND, Cr. Isop. Terr., p. 67.

Hab. Commun partout.

Sous les pierres, dans les environs de Concarneau.

III. — LEPTOSTRACA.

Nebalidæ.

Gen. NEBALIA Leach.

192. Nebalia Geoffroyi Milne-Edwards.

1826. *Nebalia Stransi?* Risso, Hist. nat. de l'Europ. mérid., t. V, p. 84, pl. IV, f. 20-22.
1828. *Nebalia Geoffroyi* Milne-Edwards, Ann. des sc. nat., t. XII, p. 297, pl. 15, f. 1-14.
1835. *Nebalia Geoffroyi* Milne-Edwards, Ann. des sc. nat., 2e sér., t. 3, p. 309.
1840. *Nebalia Geoffroyi* Milne-Edwards, Hist. nat. des Crust., III, p. 955, pl. 35, f. 1.
1843. *Nebalia Geoffroyi* Guérin, Iconog. Crust., pl. 32, f. 2.
1849. *Nebalia Geoffroyi* Milne-Edwards, Règne Anim., pl. 72, f. 1.
1864. *Nebalia Geoffroyi* Grube, Insel Lussin, p. 77.
1866. *Nebalia Geoffroyi* Heller, Zool. bot. Gesell. Wien, p. 750.
1870. *Nebalia Geoffroyi* Grube, Mittheil. über St-Malo u. Roscoff, p. 140.
1872. *Nebalia Geoffroyi* Claus, Ueber den Bau und die syst. Stell. von Nebalia, Zeits. f. w. zool., v. XXII, p. 323, pl. XXV.
1875. *Nebalia Geoffroyi* de Folin, Fonds de la mer, III, p. 211.
1876. *Nebalia Geoffroyi* Claus, Unters. z. Erf. der genealo. grund. d. Crust. syst. Wien.
1881. *Nebalia Geoffroyi* Delage, Arch. de zool. Exp., v. IX, p. 157.
1886. *Nebalia Geoffroyi* Kœhler, Faun. litt. des îles Ang.-N, p. 37.

Hab. Iles Anglo-Normandes, Roscoff, Concarneau, Cap Breton.

Cette intéressante espèce est très commune à Concarneau, où elle a été, dès 1828, découverte par Milne-Edwards, qui l'indique comme « vivant parmi les petits cailloux et les débris de coquillages et nageant sur le flanc. » On peut la recueillir à toutes marées, jusque dans le port, sous les pierres où pourrissent des matières organiques. Presque tous les individus sont infestés du curieux Rotifère *Seison Grubei* Claus.

INDEX BIBLIOGRAPHIQUE

DES OUVRAGES CITÉS.

ABILDGAARD, Zoologia Danica, seu Animalium Daniæ et Norvegiæ rariorium ac nimus notorum descriptiones et historia. Vol. tertium. Auctore Othone Frederico Müller. Descripsit et tabulis addidit Petrus Christianus Abildgaard. Hauniæ, 1789.

ADAMS, Descriptions of some Marine Animals found on the coast of Wales (fév. 1798). Trans. of the Linnean Society. Vol. V. 1800.

ALDOVRANDUS, De Animalibus insectis, libri septem. Bonon, 1602.

ALLMANN, Biological contributions. On *Chelura terebrans* PHILIPPI, an Amphipodons Crustacean destructive to sub marine tember-works. Ann. nat. hist. XIX, p. 361-370. 1839.

AUDOUIN, Explication sommaire des planches de Crustacés de l'Egypte et de la Syrie publiées par J.-C. Savigny : offrant un exposé des caractères naturels des Genres avec la distinction des espèces. Description de l'Egypte ou Recueil des obser. et des dec. qui ont été faites en Egypte pendant l'Exp. de l'Armée Française, 2e édit., t. XXII, Zoologie. Paris, 1827.

BARROIS, TH., Catalogue des Crustacés Podophthalmaires et des Echinodermes rec. à Concarneau en 1880. Lille, 1882.

— Note sur quelques points de la Morphologie des Orchesties, suivie d'une liste succincte des Amphipodes du Boulonnais. Lille, 1887.

BASTER, Natuurkundige Uitspannigen, behelzende eenige waarneemingen, over sommige Zee-planten en Zee-Insekten, benevens der-zelver Zaadhuisjes en Eijernesten. Harlem, 1762.

— Opuscula subseciva, observationes miscellaneas de animalculis et plantis quibusdam marinis, eorumque ovariis et seminibus continentia. Harlemi, 1759-1765.

BATE, SPENCE, Notes on the boring of marine animals. Brit. Assoc. Rep., p. 73-75. 1849.

— Notes on Crustacea. Ann. Nat. Hist., VI, p. 109. 1850; VII, p. 297-300. 1851.

BATE, SPENCE, Fauna of Swansea. 1850.
— On a new Genus and Several new species of Britisch Crust. Ann. acad. Mag. of Nat. Hist. Vol. VII, p. 318-321. 1851.
— On the British Edriopthalma. — Rep. on the twenty-fifth Meeting of the Brit. Assoc. f. the Advanc. of Sc. Glascow, p. 18-62, pl. XII-XXII. 1855.
— On some Crustacea dredged by Mr Barlee in Shetland. Ann. Nat. Hist. X, p. 256-57. 1852.
— On a new Amphip. Dublin, Nat. Hist. Soc. Proced. II, p. 58-59. 1856-59.
— A synopsis of the British Edriopthalmous Crustacea Part. I. Amphipoda. Ann. and Mag. of Nat. Hist., 2e sér. Vol. XIX. p. 135-152. 1857.
— On some new genera and sp. of Crustacea amphipoda. Ann. and. Mag. of. Nat. Hist., 3e sér. Vol. I, p. 361-362. 1868.
— On Praniza aud Anceus aud their Affinity to each other. Annals aud Mag. of Nat. Hist., 3e sér., II vol., p. 165-172, pl. VI-VII. 1858.
— *Pandalus Jeffreysii*, Nat. H. Rev. of Dubl. Vol. VI. 1859.
— List of the Br. marine Invertebrate Fauna. Lond., 1861.
— Catalogue of the specimens of Amphipodous Crustacea in the collection of the Br. Museum. London, 1862.
— Carcinological gleanings, n° 1. Ann. oud Mag. of Nat. Hist., sér. 3. Vol. XV, p. 81-88, pl. I. 1865.

BATE, SPENCE and WESTWOOD, A History of the British sessile Eyed Crustacea. London. Vol. I. 1863; Vol. II, 1868.

BELL, Account of the Crustacea. Last of the artic voyage under the Command. of Capt. Belcher in seearch of sir John Francklin. Vol. II. 1855.
— Nat. History of the British Stalk Eyed Crustacea. London, 1853.

BELTREMIEUX, Faune vivante de la Charente-Inférieure. Académie des Belles-Lettres, Sc. et Arts de La Rochelle. 1864.
— Supplément. 1870.
— 2e édition. 1884.

VAN BENEDEN, P.-J., Recherches sur les Crustacés du littoral de Belgique. — Mémoires de l'Académie Royale de Belgique, t. XXXIII, p. 1-174, pl. I-XXI. 1861.

BOAS, Studier over Decapodernes Slægtskabsforhold. Det Kgl. danske Vidensk. Selsk. Skrifter, 6te R. Naturv. of Math. Afd. I Bd. II. Copenhague, 1880.

BOECK, AXEL, Bæmærkninger angaaende de ved de norske Kyster forekommende Amphipodes. Ferhandlinger ved de

Skandinaviske Naturforskeres ottende Mode i Kjobenhavn, 1860. Kjobenhavn, 1861, p. 631-677.

BOECK, AXEL, Crustacea amphipoda boralia et arctica. — Forhandl. i Videnskabs-Selskabet i Christiania. Aar, 1870, p. 83-280. 1871.

— De Skandinaviske og arktiske Amphipoder. Efter forfatterens dod udgivet ved Hakon Boeck. Christiania, 1876.

BOS, RITZEMA, Bidrage tot de Kennis der Crustacea Hedriophthalmata von Nederland en Zijne kusten. Groningen, 1874.

BOSC, Histoire naturelle des Crustacés, contenant leurs descriptions et leurs mœurs, 2 vol. 1802.

— Histoire des Crustacés. Edition mise au niveau des connaissances actuelles par Desmarest, 2 vol., 18 pl. Paris, 1829.

BOUCHARD-CHANTEREAUX, Catalogue des Crustacés observés jusqu'à ce jour à l'état vivant dans le Boulonnais. Société académique de Boulogne-sur-Mer. 1832.

BOVALLIUS, Note on the Family Asellidæ. Bihang til K. Svenska Vet. Akad. Handlingar. Band. II, 1886.

BRANDT, E., Ueber den Albinismus bei den Kellerasseln (Porcellio scaber), Horæ Societatis Entomologicæ Rossicæ. Vol. III. Pétersbourg, 1870.

BRANDT, J.-F., Conspectus monographiæ Crustaceorum Oniscodorum Latreillii (Bulletin de la Soc. Impériale des Naturalistes de Moscou, VI. 1833).

— Beitrage zur Kentniss der Amphipoden. Bull. Phys. Math. Acad. Petersbourg, t. IX. 1851.

— Crustaceen a Th. v. Middendorff's Reise in den aüssersten Norden u. Osten Siberien. 1851.

BRANDT und RATZEBURG, Medizinische Zoologie, der getreue Darstellung und Beschreibung der Thiere, die in der Arzneimittellehre in Betracht kommen, in Systematicher Folge herausgegeben, Th. II. 1830-34.

DE BREBISSON, Catalogue des Crustacés terrestres, fluviatiles et marins recueillis dans le département du Calvados. Mémoires de la Soc. Linnéenne du Calvados. 1825.

BRUZELIUS, Beitrag zur Kenntniss der Inneren Baues der Amphipoden. Archiv. für Naturg., XXV. 1859.

— Bidrag til kännedomen om Skandinaviens Amphipoda Gammaridea. — Kongliga svenske Vetenskaps Akademiens Handlingar. Ny Följd. Tredje Bandet, 1859-60, p. 1-104, taf. I-IV. 1862.

BUDDE LUND, Danmarks Isopode Landkrebsdyr. Naturhistorisk Tidsskrift. 3 Række, 7 Bind, p. 217-245. 1870.

Budde Lund, Prospectus generum speciarumque Crust. Isopod. terr. Hauniæ, 1879.

— Crustacea Isopoda terrestria per familias et genera et species descripta. Hauniæ, 1885.

Burgersdijk, Specimen academicum inaugurale, continens annotationes de quibusdam Crustaceis indigenis. Lugduni Batavorum, 1852.

— Land-en Zoetwater Schaaldieren. Herklots: Bouwstoffen voor eene Fauna van Nederland. Deel I. Leiden, 1853.

Burguet, Mémoire pour servir à la faune de la Gironde. Crustacés. Act. de la Soc. Linn. de Bordeaux, t. XV, p. 270.

Catta, Note pour servir à l'histoire naturelle des Amphipodes du golfe de Marseille. Revue des Sciences naturelles de Montpellier, t. IV. 1875.

Chevreux, Espèces remarquables de la Faune du Croisic. Assoc. pour l'av. des Sc., 11e ses. La Rochelle, p. 562. 1882.

— Crustacés Amphipodes et Isopodes des environs du Croisic. Assoc. pour l'av. des Sciences, 12e session. Rouen, p. 317. 1883.

— Suite d'une liste des Crustacés Amphipodes et Isopodes des environs du Croisic. Ass. pour l'av. des Sciences, 13e session. Blois, p. 312. 1884.

— Les Crustacés Amphipodes du sud-ouest de la Bretagne. Bull. de la Soc. Zoolog. de France, p. XL. 1886.

— Sur les Crustacés Amphipodes de la côte ouest de la Bretagne. Compt.-rend. de l'Académie des Sciences, 3 janvier 1887.

Claus, Ueber den Bau und die system. Stellung von *Nebalia*. Zeitschrift für Wissen. Zoologie. Vol. XXII, p. 323, t. XXV. 1872.

— Untersuchungen zur Erforschring der genealogischen Grundlage der Crustaceens systems. Ein Beitrag zur Descendenzlehre. Wien, 1876.

Cocco, Descrizione di alcuni Crostacei di Messina. Giorn. di Scienz. Litt. et Arte per la Sicilia, t. 44, p. 107-15. 1833.

Coquebert, Illustratio iconographica Insectorum. Parisiis, anno VII, 1799.

Costa, Ricerche sui Crostacei Amfipodi del regno di Napoli. Rendiconto delle società reale Borbonica. Napoli, 1854.

— Ricerche sui Crostacei Amfipodi del regno di Napoli. Memorie della reale Accademia delle scienze. Vol. I, p. 177-235, Jav. I-IV. Napoli, 1856.

— Di due nuove specie di Crostacei Amfipodi del golfo di Napoli. Annuario del museo Zoologico dell, R. Università di Napoli, II, p. 153-17, 1864.

COUCH, Cornish Fauna. 1840 ?
— Report Penzance, Nat. Hist. Soc. 1852.
CUVIER, Mémoire sur les Cloportes terrestres. Journal d'Histoire naturelle, t. II. Paris, an IV (1796).
CZERNIAWSKI, Materialia ai Zoographicam Ponticam compar. Crustacea sinum Jaltensem incol., Petrop. 1868.
DANA, The Crustacea. United States Exploring Expedition during the years 1839-42 under the command of Ch. Wilkes. Philadelphia, 1852-54.
DANIELSSEN, Beretning om en Zoologisk Reise, foretagen i sommerer, 1857. Nyt. Mag. for Naturvid., XI, p. 1-58. 1861.
DELAGE, Contributions à l'étude de l'Appareil circulatoire des Crustacés Edriophthalmes marins (suivi d'un Catalogue des Crustacés Edriophthalmes et Podophthalmes qui habitent les plages de Roscoff). Arch. de Zoologie expérimentale. Vol. IX. 1881.
DESMAREST, Considérations générales sur la classe des Crustacés et description des espèces de ces animaux qui vivent dans la mer, sur les côtes ou dans les eaux douces de France. Paris, 8 vol., 1825.
FABRICIUS, JOH. CHRIST., Systema Entomologiæ, sistens Insectorum classes, ordines, genera, species; adjectivis synonymis, locis, descriptionibus, observationibus. Flemburgi, 1775.
— Reise nach Norwegen, mit Bemerkingen aus der Naturalhist. und Oeconom. Hamburg, 1779.
— Mantissa Insectorum, sistens eorum species nuper detectas; adjectis caracteribus genericis, differentiis specificis, emendationibus, observationibus, II. Hafniæ, 1787.
— Entomologia systematica, emendata et aucta, secundum classes, ordines, genera, species; adjectis, synonymis, locis, observationibus, descriptionibus. Hafniæ, 1792-94.
— Supplementum Entomologice systematicæ. Hafniæ, 1798.
FABRICIUS, OTHO, Fauna Groenlandiæ systematice sistens animalia Groenlandiæ occidentalis hactenus indigata, maximaque parte secundum proprias observationes. Hafniæ et Lipsiæ, 1780.
FISHER, Crustacés Podophthalmaires et Cirriphides du département de la Gironde. Actes de la Société Linnéenne de Bordeaux, t. XXVIII. 1872.
FITCH, ASA, First and second report on the noxious beneficial and other Insects on the state of New-York. Albany, 1856.

FLEMING, Gleanings of Natural History gathered on the coast of Scotland during a voyage in 1821. The Edimbourg philosophical Journal, p. 294-303. 1823.

DE FOLIN, Explorations de la Fosse du Cap-Breton. Catalogue général des Crustacés dressé d'après les déterminations de MM. A. Milne-Edwards, Fisher, Marion. Les Fonds de la Mer, III, p. 209. 1875-1879.

FREY und LEUKART, Beitrage zur Kenntniss d. Wirbellosen Thiere. 1847.

GADEAU DE KERVILLE, Aperçu de la Faune actuelle de la Seine et de son embouchure, depuis Rouen jusqu'au Havre, *in* l'Estuaire de la Seine, par G. Lennier. Le Havre, 2 vol., p. 168. 1885.

— Notes sur les Crustacés Schizopodes de l'Estuaire de la Seine. Bulletin de la Société des Amis des Sc. nat. de Rouen. 1885.

— La Faune de l'Estuaire de la Seine. Extrait de l'Annuaire Normand. 1886.

DE GEER, Mémoires pour servir à l'Histoire des Insectes, t. VII. Stockholm, 1725-78.

GEOFFROY, Et.-Louis, Histoire abrégée des Insectes qui se trouvent aux environs de Paris, dans laquelle ces animaux sont rangés dans un ordre méthodique. Paris, 2 vol., 1764.

GERVAIS, Note sur deux espèces de crevettes (*gammarus*) qui vivent aux environs de Paris. Ann. des Sc. nat., 2e sér., Zoologie, t. IV, p. 127. 1835.

GIARD, Sur un Amphipode (*Urothoe marinus*) commensal de l'*Echinocardium cordatum*. Comptes-rendus de l'Académie des Sciences, 3 janvier 1876.

— Les Habitants d'une plage de sable. Bulletin scientifique du Nord, t. X, p. 31. 1878.

— Sur un curieux phénomène de préfécondation. Compt.-rendus de l'Académie des Sciences, 17 oct. 1881.

— Sur quelques Crustacés des côtes du Boulonnais. Bull. Scientifi. du Nord, 2e sér., IXe année, p. 279. 1886.

— Sur l'*Entoniscus Mœnadis*. Comptes-rendus de l'Académie des Sciences, 3 mai 1886.

— Sur les *Danalia*. Fragments Biologique. Bulletin Scientifique du Nord, 2e sér., X[e] année, p. 52. 1887.

GIARD et J. BONNIER, Nouvelles remarques sur les *Entoniscus*. C.-rend. de l'Académie des Sciences, 24 mai 1886.

— Sur le genre *Entione*. Comptes-rendus de l'Académie des Sciences, 11 oct. 1886.

— Sur le genre *Cepon*. Comptes-rendus de l'Académie des Sciences, 8 nov. 1886.

GIARD et J. BONNIER, Sur la philogénie des Bopyriens. Comptes-rendus de l'Académie des Sciences, 9 mai 1887.

— Contributions à l'étude des Bopyriens. Travaux de l'Institut zoologique de Lille et du laboratoire de Wimereux. Tome V. Lille, 1887.

GOES, Crustacea decapoda podophthalma marina Sueciæ, interpositis speciebus Norvegicis aliisque vicinis, enumerat A. Goës. Ofversigt af Kongl. Vetenskaps Akademiens Forhandlingar. Tjugonde Argången. Holmiæ, p. 161-180. 1863.

— Crustacea Amphipoda maris Spitzbergiam alluentis, cum speciebus aliis arcticis, enumerat A. Goës. — Id. Tjugonde og andra Argängen, p. 517-586, tafl. XXXVI-XLI. 1865.

GOODSIR, Descriptions of some new Crustaceous animals found in the Firth of Forth. Edimb. new Philosop. Journal. Vol. XXXIII. 1842.

— On a new genus and six new species of Crustacea, with observations on the developpement of the egg, etc. Edimb. New Philosoph. Journal. Vol. XXXIII, 1842. Ann. Sc. Nat. XVIII, Zool. 1843.

— Description of some animals found amongt the Gulf Weed. Ann. Nat. Hist., XV. 1845.

GOSSE, A manual of marine Zoology for the British Isles, 2 vol. London, 1885.

GOULD, Report on the Invertebrate animals of Massachusetts. Cambridge, 1841.

GRONOVIUS, Zoophylacium Gronovianum, exibens Quadrupeda, Amphibia, Pisces, Insecta, Vermes, Mollusca, Testacea, et Zoophyta quæ in museo suo adservavit, examini subjecit, systematice disposuit atque descripsit. Additis rarissimorum objectorum iconibus. Lugduni Batavorum, 1781.

GRUBE, Ausfluge nach Triest und dem Quernaro. Beitr. zur Kennt. der Thierwelt dieses Gebietes. Berlin, 1861.

— Beschreibungen einiger Amphipoden der Istrischen Fauna. Archiv. fur Naturg. XXX. 1864.

— Die Insel Lussin und Ihre Meeres fauna. Breslau, 1864.

— Beiträge zur näheren Kenntniss der Istrischen Amphipoden Fauna. Arch. fur Naturg., t. IX et X. 1866.

— Mittheilungen über St-Waast la Hougne und seines Meeres, besonders seine Anneliden Fauna. Verhandl. der Schlevischen Gevellschaft f. Vaterländische Kultur., p. 91. 1869.

— Mittheilungen über St-Malo und Roscoff, und die dortige Meeres besonders die Anneliden fauna. Abhandl. Schhles. Ges. Natur., p. 75. 1870.

Guérin Méneville, Iconographie des Crustacés. Règne Animal de Cuvier, 8 vol., 36 planches. Paris, 1829-43.

— Les Crustacés. Expédition scientifique de Morée. Section des Sciences physiques, t. III, part. 1. Zoologie: Animaux articulés. Paris, 1832.

Haller, Beitrage zur Kenntniss der Lœmodipodes filiformes. Zeit. fur Wissensch. Zoologie, XXXIII, Bd. 1879.

Harger, Notes on new England Isopoda (Procedings of the United states National Museum. Vol. II, 1879; in Smithsonian miscellaneous collections. Vol. XIX. 1880.

Heller, Crustacea des Südlichen Europa. Wien, 1863.

— Kleine Beitrage zur Kennt. des Süsswasser Amphipoden. Verh. Zoolog. Bot. Gesselch. XV. Wien, 1865, p. 979-984, taf. XVII.

— Zur nähren Kenntn. der in den süssen Gewassern des Südlichen Europa verkommenden Meeres Crustaceen. Zeits. fur wiss. Zoolog. XIX, p. 156-162.

— Beiträge zur nähren Kenntniss der Amphip. des Adriatischen Meeres. Verhandlungen des Zoologische Botanische Gesellchaft in Wien, p. 717. 1866.

— Reise der Ostrerreischischen Fregatte Novara nun die Ende in den Jahren 1857-59, unter den Befehlen des Command. B. von Wullerstorf. Zool. Theil, 2 Bd., 3 Abth. Crustaceen. Wien, 1868.

Herbst, Versuch einer Naturgesch. der Krabben und Krebse, nebst einer system. Beschreib. ihrer verschiedenen Arten. 3 Bd. in 18 Heften. Mit 62, illum Kpfrtaf. gr. 4, Zurich, Berlin und Stralsund, 1782-1804.

Hesse, Recherches sur des Crustacés rares ou nouveaux des côtes de France. Annales des Sc. nat., V[e] sér., v. III. 1865.

— Mémoire sur les Pranizes et les Ancées. — Mémoires présentés par divers savants à l'Académie des Sc., t. XVIII, p. 231-302, pl. I-IV. 1868.

— Mémoires sur des Crustacés rares ou nouveaux des côtes de France, Sphæromiens. Annales des Sciences naturelles. V[e] série, vol. XVII.

Hoek, Carcinologisches grösstentheils gearbeitet in den Zoologischen station der Niederländischen zoologischen gesellschaft. Tydschr. d. Ned. Dierk. Veren. Deel IV, taf. V-X. 1880.

Hosius, De Gammaris speciebus, quæ nostris in aquis reperiuntur. Diss. Zoologica. Bonnæ, 1850.

— Ueber die gammarus. Arten des Gegend von Bonn

Arch. fur Naturgesch. Jagrh. XVI, Bd I, p. 233-248, taf. III-IV. 1850.

JOHNSTON, Contribution to the British Fauna, Zoological Journal. Vol. IV, p. 52-57. 1829.

— Illustrations in British Zoology (*Caprella acuminifera*, *Nymphon coccineum*). Magazine of Natural History and Journal, conducted by Loudon, p. 40-43. 1833.

— Illustrations in British Zoology. Brit. species of genus Caprella and Proto, order Lœmodipoda Latreille. Magaz. Natur. Hist. VIII, p. 668-675. 1835.

JOHNSON, Synoptisk Framställning af Sveriges Oniscider. Akademisk Afhandling. Upsala, 1858.

JOUSSET DE BELLESME, Carte zoologique et faune de la baie du Pouliguen. Assoc. franç. pour l'av. des Sciences, 11e ses. La Rochelle, 1882.

KAY, Natural History of New-York. Zoology Crustacea. 1844.

KINAHAN, Analysis of certain allied genera of terrestrial Isopoda, whit descript. of a new genus, and a detailed list of the British species of *Ligia*, *Philougria*, *Philoscia*, *Porcellio*, *Oniscus* and *Armadillidium*. Natur. Hist. rev. IV, Proc. of soc., p. 258-282, t. XIX-XXII. 1857.

— On the genera *Philoscia*, *Itea*, *Philougria*, comprising descriptions of new British species. Nat. Hist. Rev. V. 1858.

— Remarks on certain genera of terrestrial Isopoda. Report on the 27 Meeting of the Brit. Assoc. f. th. Advanc. of Science. London, 1858.

— On the genus *Platyarthrus*. Proc. of the Dublin Univ. Zool. Bot. an. Vol. I, pars 2. 1859.

— Synopsis of the species of the Families crangonidæ and Galatheidæ wich inhabit the seas around the British Isles. Procedings of the Royal Irish Academy. Vol. VIII, p. 67-80. 1864.

— On the Britannic species of Crangon and Galathea; with some Remarks on the Homologies of these Groups. Dublin, 1862.

KOCH, C.-L., Deuthchlands Crustaceen, Myriapoden und Arachniden. Ein Beitrag zur Deutschen Fauna. Herausgeg. von Herrich Schœffer. Regensburg, 1835-41.

— Zuzammenstellung der in Koch's « Deutschlands Crustaceen, Myryapoden und Arachniden » daneben so in « Deutschlands Insekten von Dr Pranzer und Herrich Schäffer. » Vorkommenden Crustaccen. 1847.

KOCH, L., Crustacea, p. 418-423 (in Rosenhauer : Die thiere Andalusiens). Erlangen, 1856.

Kœhler, Recherches sur la Faune marine des îles Anglo-Normandes. Nancy, 1885.

— Contribution à l'étude de la Faune littorale des îles Anglo-Norm. Ann. des Sc. nat. Zool., t. XX, 1886.

Kossmann, Studien über Bopyriden III. Mittheil. d. Zoolog. station zu Neapel, III Bd. 1, 1 Heft. 1881.

Kröyer, Grönlands Amphipoder beskrevne. Det Kongl. danske Videnskabernes selskabs Naturvidenskabelige og mathematiske Afhandlinger, 7 Deel, p. 229-326, tab. I-IV. 1838.

— Voyage de la Commission scientifique du Nord en Scandinavie, en Laponie, au Spitzberg et aux Féroë, pendant les années 1838-1840, sur la corvette *la Recherche*, publiés par ordre du Roi, sous la direction de M. Paul Gaimard. — Crustacés.

— Nye nordiske Slægter og Arter af Amphipodernes Orden, henhorende til Familien Gammarinæ (Forelobigt Uddrag af et storre Arbeide) Naturhistorick Tidsskrift, 4 Bd, p. 141-166. 1842-43.

— Beskrivelse af nogle nye Arter og Slægter af Caprellina; med indledende Bœmarkninger om Lœmodipoda og deres Plads i Systemet. Naturhist. Tidsskr. 4 Bd., p. 490-518 og p. 585-616, pl. VI-VIII. 1842-43.

— Karcinologiske Bidrag, Naturhist. Tidsskr., 2 R., 1 Bd., p. 283-345 og p. 453-638, pl. I-III og pl. VI-VII. 1844-45.

Lafont, Note pour servir à la Faune de la Gironde. Actes de la Société Linnéenne de Bordeaux, t. XXVI.

— Deuxième note. Ibidem., t. XXVIII.

Latreille, Histoire naturelle, générale et particulière des Crustacés et des Insectes; ouvrage faisant suite aux œuvres de Leclerc de Buffon, et partie du cours complet d'Hist. naturelle rédigé par C. Sonnini. Paris, 1804.

— Des Langoustes du Museum national d'Hist. naturelle. Annales du Museum, t. III, p. 391. 1804.

— Genera Crustaceorum et Insectorum secundum ordinem naturalem in familias disposita, iconibus exemplisque plurimis explicata, 4 vol. cum tab. alenis 16. Parisis et Argentorati, 1806-9.

— Considérations générales sur l'ordre des animaux composant les classes des Crustacés, des Arachnides et des Insectes, avec un tableau méthodique de leurs genres, disposés par familles. Paris, 1810.

— Encyclopédie méthodique. Planches des Crustacés et des Insectes avec leur explication. Paris, 1818.

LATREILLE, Les Crustacés, les Arachnides et les Insectes distribués en familles naturelles, 2 vol. Paris, 1829.

— Règne Animal, 2e édition (Crustacés). 1829.

LEACH, Crustaccology. The Edimburg Encyclopedia, t. VI, p. 383-437. 1813-14.

— Zoological miscellany being description of new or interesting animals, illustrated with col. fig., 3 vol. London, 1814-17.

— Dictionnaire des Sciences naturelles, par plusieurs professeurs du Jardin du Roi et des principales Écoles de Paris. Crustacés, par W.-E. Leach. Article Cymothoadées, t. XII, p. 398-354. 1818.

— Zoological Memoranda. A voyage of Discovery, made under the orders of the Admiratly in His Majesty's Ships Isabella and Alexander, for the purpose of Exploring Baffin's Bay, and inquiring into the Probability of a North West Passage by John Ross. Appendix, n° 2, p. XXXIX-LXIV. London, 1819.

— A Tabular View of the external characters of Four classes of Animals, wich Linné arranged under Insecta. Trans. actions of the Linnean Society of London. Vol. XI, p. 306-400. 1815.

— Malacostraca Podophthalmata Britanniæ, or Descriptions or such British species of the Linnean Genus Cancer as have their eyes elevated on footstalks. Illustrated with figures of all the species, by T. Sorwerby. London, 1815-1875.

LEREBOULLET, Mémoire sur les Crustacés de la famille des Cloportides qui habitent les environs de Strasbourg. Mém. de la Soc. d'Hist. naturelle de Strasbourg. 1853.

LILLJEBORG, Norges Crustaceer. Ofversigt af Kongl. Vetenskaps. Akademiens Förhandl. Stockholm, p. 19-27. 1852.

— Bidrag til de högnordiska hafsfaunan. Ofversigt af K. Vetenskaps-Akade. Förhandl., p. 282-88. 1850.

— Bidrag til Norra Rysslands og Norriges Fauna, samlade under en vetenskaplig resa i dessa länder 1848. Kongl. Vetenskaps-Akad. Förhandl. Stockholm, p. 233-242, tab. XIX-XX. 1851.

— Hafts Crustaceer vid Kullaberg. Ofvers. af Kongl. Vetensk. Akad. Forhandl. Stockholm, p. 1-13. 1852.

— Ofversigt af de inom Skandinavien hittils funnæ arternæ af slägtet Gammarus Fab. Kongl. Vetensk. Akad. Handlingar. Stockholm, p. 444-460. 1853.

— Bidrag til kännedomen om de inom Sverige og Norrige förekommande Crustaceer af Isopodernas underordning og Tanaidernes Family. Upsala Universitets Arsskrift, Math. og Naturvet. I, p. 1-32. 1865.

LILLJEBORG, On the Lysianassa Magellanica of Milne-Edwards and on the Crustacea of the suborder Amphipoda and the subfamily Lysianassina found on the Coast of Sweden and Norway. Nov. Act. regiæ societatis scientiarum Upsaliensis, 3e sér. 1865.

LINDSTRÖM, Bidrag till Kännedomen om Osterjöns invertebrat fauna. Ofversigt af Kongl. Vetenskaps Akademiens Förhandl. Sockholm, p. 49-73, tab. II. 1855.

LINNÉ, Skanska resa, pa hoga Ofverhetens befallning forrated ar 1749. Stockholm, 1751.

— Fauna suecica sistens Animalia sueciæ regni, I Edit. Lugduni Batavorum, 1746.

— Systema naturæ per regna tria naturæ secundum classes, ordines, genera, species cum characteribus, differentiis, synonymis, locis. Edit. XII. 1766.

— Syst. naturæ, etc. Edit. XIII (Gmelin). Lipsiæ, 1788.

LUCAS, Exploration scientifique de l'Algérie pendant les années 1840-41-42. Zoologie. Hist. nat. des Animaux articulés Paris, 1849.

MARION, Esquisse d'une Topographie zoologique du golfe de Marseille. Annales du Musée d'Histoire naturelle de Marseille, t. I. 1883.

— Considérations sur les Faunes profondes de la Méditerranée, t. I, 2e mém. 1883.

MAYER, P., Carcinologische Mittheilungen. Mittheil. aus der Zool. station zu Neapel, I. 1878.

— Die Caprelliden des golfes von Neapel. Fauna und Flora des golfes von Neapel. Leipsig, 1882.

MEINERT, Crustacea, Isopoda, Amphipoda et Decapoda Daniæ. Naturhist. Tidjskr., R. 3, Bd. XI. Copenhague, 1877.

MILNE-EDWARDS, A., Études zoologiques sur les Crustacés récents de la Faune des Portuniens. Arch. du Museum d'Hist. naturelle de Paris, t. X, p. 309. 1858-61.

MILNE-EDWARDS, H., Mémoire sur quelques Crustacés nouveaux. Annales des Sciences naturelles, Ire série, t. XII, p. 287-301, pl. XIII-XIV. 1818.

— Extrait de Recherches pour servir à l'histoire naturelle des Crustacés Amphipodes. Annales des Sciences naturelles, t. XX, p. 153-299. 1830.

— Histoire naturelle des Crustacés. Paris, 3 vol., tome I, 1834; tome II, 1837; tome III, 1840.

— Notes sur quelques espèces du genre Pagure. Annales des Sciences naturelles, 3e sér., t. X, p. 59. 1848.

MILNE-EDWARDS, Observations sur la classification des Crustacés. Ann. des Sciences naturelles, 3e sér., t. XVIII, p. 128. 1852.

— *Ibidem*. Ann. des Sc. nat., 3e sér., t. XX, p. 217. 1853.

MOEBIUS, Die wirbellosen Thiere der Ostsee, in Jahresbericht der Commission zur wissenschaftlichen Untersuchung der deutschen Meere in Kiel, I Jahrg. Berlin, 1873.

MONTAGU, Descriptions of several Marine Animals, found on the South Coast of Devonshire. The transactions of the Linnean Society of London, vol. VII, p. 61-85, pl. 6-7. 1804; vol. IX, p. 81-114, tab. 2-8. 1808.

— Descriptions of several new or rare Animals, principally marine, discovered on the South Coast of Devonshire. Id., vol. XI, p. 1-26, tab. 1-5. 1815.

MUELLER, FRIED., Bermerkungen zu Zaddach's synopseos Crustaceorum Borissicorum prodromus. Arch. für Naturgesch. 14 Jalug., 1 Bd. Berlin, 1848.

MUELLER, OTHO FRIED. Fauna Insectorum Fridrichsdalina. Hafniæ et Lipsiæ, 1764.

— Zoologiæ Danicæ prodromus, seu Animalium Daniæ et Norvegiæ indigenarum characteres, nomina et synonyma imprimis popularium. Hafniæ, 1776.

NARDO, Illustr. di 54 species di Crostacei dell Adriatico (Podophthal. Edriophthal. Stomat.) e storia della Corci nol Adriat. Venise, 1869.

— Prospetto della Fauna del Veneto estuario, 1847.

NEBESKI, Beitrage zur Kenntniss der Amphipoden der Adria. Arbeiten aus dem Zoologischen Institute der Wien und der Zool. station zu Triest., t. III, 2 heft., p. 1-52, pl. I-IV. 1880.

NORMAN, Contributions to British Carcinology. Annals und Mag. of Nat. Hist., III sér., p. 273. 1861.

— Last report on dredgind among the Shetland Isles, by Jeffreys, Norman, Mac Intosh, Waller. From the Report of the British Assoc. for the Avanc. of Science for 1868.

— On a Crangon, some Schizopoda and Cumacea new to or rare in British Isles. Annals and Mag. of Nat. Hist. Fifth ser., vol. XIX, n° CX, Février 1887, p. 89-103.

NORMAN et STEBBING, On the Isopoda of the « Lightning « Porcupine » and « Valorous » Expeditions. Transactions of Zoolog. Society. Vol. XII, part. IV. 1886.

OLIVI, Zoologia Adriatica, ossia catalogo regionato degli animali del golfo e della lagune di Venizia, proceduto da una dissertazione sulla storia fisicæ naturale del golfo. Con tav. in rame IX, 4. Bassano, 1792.

OLIVIER, Encyclopédie méthodique. Hist. nat., t. IV. Paris, 1789.

D'ORBIGNY, Notice sur le *Corophium longicorne* Latr., Crustacé observé dans les Bouchots à moules des communes d'Esnandes et Charon, près la Rochelle. Journal de Physique et Chimie, d'Hist. natur. et des Arts, t. 93, p. 194-200. 1821.

OTTO, Beschreibung einiger neuer im Mittelmeer vorgefundenen Crustaceen. Nova Acta Academiæ Leopol. Carol., t. XIV. 1829.

OWEN, Appendix to the narrative a second voy. in search of a North-west Passage and residence in the artic regions during the years 1829-33 of sir John Ross. Account of the object in the several departements of natural history. Marine Invertebrate animals inhabiting parts of the Artic Ocean, with 2 plates. London, 1834.

PALLAS, Spicilegia Zoologica, quibus novæ imprimis et obscuræ animalium species, iconibus, descriptionibus atque commentariis illustrantur, cum 58 tab. aen., t. I, fasc.-X, cum 43 tab. Berolini, 1774.

— Reisen durch verschiedene Provinzien des Russichen Reichs in der Jahren 1768-74. 3 theil mit Kpf. 4 ma. Petersburg, 1776.

PENNANT, Zoologia Britannica, tabulis aenis 132 illustrata. London, 1777. British Zoology, vol. IV.

PHILIPPI, Einige zoologische notizen : *Chelura terebrans*, ein neues Amphipode genus. Arc. fur Nat. Vol. V, p. 113. 1839.

PIET, Recherches sur l'île de Noirmoutiers, 2e édit. 1863.

PLATEAU, Crustacés Isopodes terrestres. Bulletin de l'Académie royale de Belgique, sér. II, t. XXIX, n° 2. 1870.

PODA, Insecta musci græcensis, quæ in ordines, genera et species, juxta systema naturæ Linnæi digressit, cum 2 tab. aen. 8. Græcii. 1761.

DE QUERONIC, Description d'un Insecte singulier trouvé dans la rade de Locmariaker. Mémoires de Math. et de Phys. présentés à l'Académie des Sciences de Paris, t. IX, p. 329. 1780.

RAJUS, Historia Insectorum. Londini, 1710.

RATHKE, HEINR. Beitrag zur Fauna des Krym. Mémoires présentés à l'Académie Impériale des Sciences de Pétersbourg, t. III, p. 241-454. 1837.

— De Nereide et Bopyro. 1837.

— Beiträge zur Fauna Norwegens. Novorum actorum academiæ Cæsareæ Leopoldino. Carolinæ Naturæ Curiosorum. Vol. XX, Pars. 1, p. 1-264, tab. I-XII. 1843.

Rathke Jens, Jagttagelser henhörende til Involdsormenes og Blod-dyres Naturhistorie. Skrifter af Naturhist. Selskabet, 5 Bd., 1 Heft., p. 61-148, t. II, III. 1799.

Règne Animal, distribué d'après son organisation pour servir de base à l'Histoire naturelle, etc., 1re édition. 1817.

— 2e édition, 1829 (édition Grochard).

— 3e édition (édition Masson), 1849.

Risso, Histoire naturelle des Crustacés des environs de Nice. Avec 3 planches. Paris, 1816.

— Histoire naturelle des principales productions de l'Europe Méridionale et principalement de celles des env. de Nice et des Alpes-Maritimes, t. V. Paris, 1826.

Römer, Genera Insectorum Linnei et Fabricii, iconibus illustrata, cum 37 tabulis. Vidoturi Helvt., 1787.

Rondelet, Libri de piscibus marinis in quibus veræ piscium effigies expressæ sunt. Lugduni, 1554.

Ross, Appendix to the narrative of a second voyage in search of a North west Passage. London, 1835.

Rossius, Fauna Etrusca. Liburni, 1790.

Roux, Crustacés de la Méditerr. et de son littoral. Marseille, 1828.

— Mémoire sur les Salicoques. Marseille, 1828.

Sabine, A supplement to the Appendix of Captain Parry's first voyage. London, 1824.

Samouelle, A nomenclature of British Entomology, or a catalogue of above 4000 species of the classes Crustacea, Myriapoda, Spiders, Mites and Insects, intendet ar labels for cabinets of Insects, etc., alphabetically arranged. London, 1819.

Sars, G.-O., Beretning om en i Sommeren 1862 foretagen zoologisk Reise i Christianias og Trondh jems stifter. Ngt Magazin for Naturvidenskaberne, p. 193-252. 1863.

— Carcinologiske Bidrag til Norges Fauna. I Monographi over de ved Norges Kyster forekommende Mysider. Christiania, 1879.

— Oversigt af Norges Crustaceer med forelobige Bæmerkninger over de nye eller mindre bekjendte Arter. Vid. selsk. Forh., n° 18. 1882.

Sars, Michael, Oversigt over de i den norsk atiske Region forekommende Krebsdyr. Forhandl. i Vedinskabs selskabet i Christiania, 1858.

Saussure, Mémoires pour servir à l'Histoire naturelle du Mexique, des Antilles et des États-Unis, I Liv. Crustacés. Genève et Paris, 1858.

SAVIGNY, Description de l'Egypte, publiée par ordre du gouvernement. Planches des Crustacés, 1809-13.
— Mèmoire sur les animaux sans vertèbres, en 2 parties avec 32 planches, 1re partie. 1816.
— Description de l'Egypte, Hist. Nat. Zoologie. Planches par J.-C. Savigny, t. XII, 1826; texte par Audouin et Savigny, vol. XXII. Paris, 1827.
SAY, On a new genus of the Grustacea and the species on wich it is etablished. Journ. of the Acad. of Nat. Science of Philadelphia, 1817.
— On account of the Crustacea of the United states. Jour. of the Acad. of Nat. Science. Philadelphia, 1818.
SCHIODTE, Krebsdyrenes Sugemund. Naturhistorisk Tidsskrift, 3 R., 4 B., p. 169-206, t. X-XI. 1866.
— Ibidem, 3 R. 10 B., p. 211-252, tab. IV-VIII. 1875-76.
SCHNITZLER, De Oniscineis agri Bonnensis. Dissertatio zoologia. Coloniæ, 1853.
SCHÖBL, Typhloniscus, eine neue blinde Gattung der Crustacea Isopoda. Monogaaphisch bearbeitet. Sitzungsberichte der mathem. naturw. Classe der Kaiserlichen Akad. der Wissenchäften, Bd. XL, p. 279-330, t. I-X. 1860.
— Haloplophthalmus, eine neue Gattung der Isopoden, mit besonderer Brüksichtigung der Mundtheile untersucht. Zeitsch. für wissenschift. Zoologie, X, p. 449-566, taf. XXXV-XXXVI. 1860.
— Ueber die Fortpflanzung Isopoder Crustaceen. Archiv. für Mikros. Anat. XVII. Bonn, 1880.
SCOPOLI, Entomologia Carniolica, exhibens insecta Carnioliæ indigena et distributa in ordines, genera, species, varietates, meth. Linn., cum tab., n° 3. Vindobonæ, 1763.
SCORESBY, An account of the artic Regions, with a history and description of the Nothern Whale fishery, 2 vol. Edimburgh, 1820.
SEBA, Locupletissimi rerum naturalium thesauri accurata descriptio et iconibus artifiosissimis expressio, per universam physices historiam, Crustacis, t. III. Amsterdami, 1734-65.
SILL, Beitrag zur Kenntn. der Crustaceen, Arachniden, und Myriapoden Siebenbürgens. Verhandl. und Mittheil des Siebenbürgischens Vereins für Naturwis. zu Hermannstadt. Vol. XII, 1861; vol. XIII, 1862.
SLABBER, Natuurkundige verslustigingen, behelgende microscopisc waarniemingen van in-en uit lands water-en land dieren. Haarlem, 1778.
STALIO, Catalogue di Crostac. Adriatic. 1877.

STEBBING, On the genus Bathyporeia. Ann. and Mag. of Nat. Hist., 4e série, 15, p. 74, pl. III. 1875.

— On some new and little known Amphipodous Crustacea. Ann. and Mag. of Nat. Hist., 4e série. Vol. 18, p. 443-449, pl. XIX-XX. 1876.

STEIN, J.-H., Aufzählung und Beschreibung d. Myriapoden und Crustaceen Granbündens. Jafresb. d. Naturf. Gesells. Granbündens. Neue Folge. Jahrg. II, 1857.

STIMPSON, Synopsis of the marine Invertebrata of grand Manan. Smithsonian Contributions to Knowlege. Vol. VI. Washington, 1854.

— Description of some of the new marine Invertebrata from the Chinese and Japanese seas. Proced. Accad. Nat. Sc. Philadelphia, 1854-55.

STOSSICH, Prospetto della Fauna del Mare Adriatico. Bolletino della Societa Adriatica di Scienze naturali in Triest. 1880.

STRAUSS DURCKHEIM, Mémoire sur les *Hiella*, n. g. Crustacés Amphipodes du Museum. Paris, t. XVIII, 1829.

STRÖM, Physisk og æeconomisk Beskrivelse over Fogderiet Sondmor. I Deel, 1762.

STUXBERG, Om nord Amerikas Oniscider. Ofversigt af Kgl. Vetensk. Akad. Förh. 1875, m. 2, p. 43. Stockholm, 1876.

SULZER, Die Kennzeichen der Insecten nach Anlat K. Linnés, durch 24 kpf. erlaut u. mit derselben Natürlichen geschichte begleitet. Mit ein vorrede der Hern Joh. Gessner. 4, Zurich, 1761.

SYE, Beiträge zur Anat. und Histologie von Jæra Marina. Inaugural dissertation. Kiel, 1887.

TEMPLETON, Descriptions of some undescribed exotic Crustacea. Transact. of the Entomolog Society of London. Vol. I, p. 185-198, pl. XX-XXII. 1836.

— Catalogue of Irisch Crustacea, Myriapoda, and Arachnoidea selected from the papers of the late, John Templeton. Mag of Nat. Hist. and Journ. of Zool. Vol. IX, p. 9-14. 1836.

THOMPSON, JOHN, Zoological Researches and Illustrations or Natural Histooy of nondescript or imperfectly known Animals in a series of Memoirs, n° 1. 1828.

THOMPSON, W., Report on the Fauna of Ireland : Die Invertebrata ; Drawn up at the request of the British Assoc. Report of the Thirteenth Meeting of the Brit. Assoc. for the Adv. of Science. London, p. 245-291. 1843.

— Additions to the Fauna of Ireland : Mag. Nat. Hist. Vol. XX. 1847.

THOMPSON, W., Achæus Cranchii, Ann. and Mag. of Nat. Hist. III ser. Vol. VIII, p. 77. 1851.

VILLERS, Caroli Linæi entomologia, Faunæ suecicæ descriptionibus aucta, DD. Scopoli, Geoffroy, de Geer, Fabricii, Schranck, etc., speciebus vel in systemate non enumeratis, vel nuperrime detectis, vel speciebus Galliæ australis locupletata, generum specierumque rariorum iconibus ornata, curante et augente Carolo de Villers. F. W. Lugduni, 1789.

WEBER, MAX, Die Isopoden, gesammelt während der Fahrten des Willem Barents in das Nördl-Eismeer in den Jahren 1880-81. Amterdam, 1884.

WHITE, Descriptions of new or little known Crustacea or the Collection of the British Museum. Procedings of the Zoological Society of London. Part. XV. 1847.

— List of the specimen of Crustecea in the collection of the British Museum. 1847.

— Catalogue of British Crustacea. 1850.

— A popular History of British Crustacea, comprising a familias account of there Classification and habits. London, 1867.

ZADDACH, Synopseos Crustaceorum Prussicorum prodromus. Regiomonti, 1844.

ZENKER, De Gammari Pulicis, Fab. Historia naturale atque sanguinis circuitu commentatio. Jenæ, 1832.

LISTE PAR ORDRE ALPHABÉTIQUE

DES ESPÈCES CITÉES.

Pendant la correction des épreuves de cet article, le « *Catalogue des Crustacés Amphipodes du sud-ouest de la Bretagne, suivi d'un aperçu de la distribution géographique des Amphipodes de la côte de France,* » par Ed. Chevreux, est paru dans le Bulletin de la Société Zoologique de France (fascicule du 1er août).

La région explorée par l'habile zoologiste du Croisic s'étend de la pointe de Penmarch à l'embouchure de la Loire et comprend, par conséquent, Concarneau et les îles Glénans.

Parmi les 123 Amphipodes mentionnés dans cet important travail, je relève les douze espèces suivantes recueillies dans la région que j'ai explorée, mais que je n'y ai pas trouvées :

Phoxus Holbolli Kroyer (Baie de la Forest),
Halimedon Mülleri Boeck (Baie de la Forest),
Iphimedia Eblanæ Spence Bate (Glénans),
Calliopius norvegicus Rathke (Entrée du port de Concarneau),
Mæra longimana Thompson (Chenal du port),
Ampelisca diadema Costa (Glénans),
— *spinipes* Boeck (Glénans),
— *lævigata* Lilljeborg (Glénans),
Haploops carinata Lilljeborg (Ile Verte),
Sunamphitoe conformata Spence Bate (Concarneau),
Unciola planipes Norman (Glénans),
Cyrtophium Darwinii Spence Bate (Ile Verte).

Lille Imp. L. Danel.

www.ingramcontent.com/pod-product-compliance
Ingram Content Group UK Ltd.
Pitfield, Milton Keynes, MK11 3LW, UK
UKHW021123220726
13924UKWH00004B/1880

9 782019 908355